周期 Sylvester 矩阵方程的解及其应用

吕灵灵 张 磊 张 哲 著

科学出版社

北 京

内 容 简 介

本书讨论周期 Sylvester 矩阵方程的求解及其在控制理论和工程中的应用问题，内容包括相关的理论基础、设计算法和应用。本书是作者近些年来在周期矩阵与鲁棒控制领域研究与实践工作的总结与提炼。全书共 5 章，第 1 章阐述了相关周期矩阵和线性周期系统的研究背景、研究进展及存在的问题；第 2 章介绍了周期 Sylvester 矩阵方程的迭代求解算法及其理论和实践中的应用；第 3 章聚焦于广义周期耦合 Sylvester 矩阵方程的求解方法；第 4 章利用周期 PD 反馈对二阶线性周期系统进行鲁棒极点配置；第 5 章给出了具有时变状态和输入维数的线性周期系统的极点配置问题的解决方案。

本书可供从事控制理论与应用相关专业领域研究和开发工作的科技人员参考，也可作为高等学校相关专业高年级本科生和研究生的参考书。

图书在版编目(CIP)数据

周期 Sylvester 矩阵方程的解及其应用/吕灵灵，张磊，张哲著.—北京：科学出版社，2020.5

ISBN 978-7-03-064768-9

Ⅰ.①周… Ⅱ.①吕… ②张… ③张… Ⅲ.①矩阵-线性方程-研究 Ⅳ.①O241.6

中国版本图书馆CIP数据核字(2020)第054929号

责任编辑：耿建业 / 责任校对：王萌萌
责任印制：吴兆东 / 封面设计：铭轩堂

科学出版社 出版
北京东黄城根北街 16 号
邮政编码：100717
http://www.sciencep.com

北京捷迅佳彩印刷有限公司 印刷
科学出版社发行 各地新华书店经销
*
2020 年 5 月第 一 版 开本：720 × 1000 1/16
2021 年 4 月第二次印刷 印张：8 1/2
字数：220 000

定价：96.00 元
(如有印装质量问题，我社负责调换)

作者简介

吕灵灵，女，1983年1月生，河南偃师人，2010年4月获得哈尔滨工业大学控制科学与工程专业工学博士学位，现就职于华北水利水电大学电力学院，教授，硕士生导师，中原千人计划入选者，河南省优秀教师，河南省教育厅学术技术带头人，河南省高校科技创新人才，河南省高校青年骨干教师，华北水利水电大学创新培育团队带头人。研究领域包括矩阵方程、鲁棒控制、信息物理系统、智能电网与可持续能源等领域。主持国家自然科学基金4项及其他纵向课题十余项；在国内外学术期刊上发表学术论文30余篇，其中以第一作者在SCI二区以上期刊发表论文十余篇；获得省厅级高水平学术奖励十余项。

前　言

　　线性周期时变系统是一类非常重要的系统。一方面，线性周期系统适用于大部分具有周期属性的模型，比如钟摆、直升机、卫星姿态、航天器交会对接控制等；另一方面，线性周期系统可用于多级速度数据采样，相关的多级速度数字滤波器和滤波器组可以应用于通信、语音处理、图像压缩、天线系统、模拟语音保密系统和数字音频工业。此外，在对一些线性系统进行控制时，采用线性时不变反馈控制律往往不奏效，而线性周期反馈控制律则能够实现控制目的，并改善系统性能。在周期系统的研究中，周期 Lyapunov 矩阵方程、周期 Riccati 矩阵方程、周期 Sylvester 矩阵方程等周期矩阵方程的求解是一个重要的主题。特别是，周期 Sylvester 矩阵方程的求解是线性离散周期(LDP)系统鲁棒极点配置、状态观测器设计、基于观测器的鲁棒控制和故障诊断等控制领域经典问题的研究中的关键环节，并可以为周期 Lyapunov 矩阵方程的某种数值解法提供便利。因此，该方程的求解对于线性周期系统的分析和设计有着重要的作用。作者团队专注于该领域的研究，深入挖掘实际问题的内在机理并开展理论与方法研究，将理论研究成果应用于实践问题的解决。本书即为这些年来相关领域研究工作的总结与提炼。

　　在本书的写作中，作者致力于将理论与实践相结合，注重解决实际问题。在研究中，侧重于理论分析，并通过仿真手段，利用实际应用系统模型对提出来的新方法进行检验。全书共 5 章，第 1 章阐述了线性离散周期系统的研究背景，在系统归纳和评述相关研究成果的基础上，综述了相关问题的研究进展及存在的问题。第 2 章介绍了两类周期 Sylvester 矩阵方程的有限迭代求解方法及其应用。通过设计新的迭代步长，基于共轭梯度方法，把用于求解时不变方程的算法推广到了时变领域，给出了新的有限迭代算法。经过理论推导与数值算例的仿真验证，所提出的算法可以在任意初始条件下在有限步内收敛到方程的精确解。进一步，将迭代算法应用到线性离散周期系统的周期状态反馈极点配置和鲁棒观测器设计中，分别给出了相应的鲁棒控制器和鲁棒观测器设计算法。最后，将周期控制算法应用于航天器的交会对接控制，取得了满意的控制效果。第 3 章给出了广义周期耦合 Sylvester 矩阵方程的求解问题。给出了这类耦合矩阵方程组的解存在的充分必要条件。在满足有解条件时，首先考虑了两个方程耦合的情况，基于共轭梯度思想，设计了迭代步长，给出了求解此类矩阵方程的数值算法。然后根据这一思想，采用类似的推导方法，处理了多个 Sylvester 矩阵方程耦合的情况，设计了有限迭代算法。最后利用数值算例展示了所提出算法的正确性与有效性。第 4 章介绍了二阶线性周期系统的极点配置算法。结合离散周期调节矩阵方程求解的研究成果，采用周期比例加微分反馈对二阶线性离散周期系统极点配置问题进行了研究。首先把问题转化为某种特定形式的周期矩阵的求解问题，然后通过循环提升技术，把该周期方程转化为线性时不变(LTI)方程，并通过参数化方法给出了相应 LTI 方程的解，进而给出了周期比例加微分反馈的相应反馈增益。并进一步给出了二阶线性周期系统极点配置的鲁棒性能。所设计算法的有效性经过了仿真实例进行了验证。第 5 章给出了具有时变状态和输入维数的 LDP 系统的状态反馈和输出反馈极点配置问题的解决方案。利用闭环周期系统中心谱的数学性质，将参数化极点配置问题归结为求解周期矩阵方程组的问题，进一步将其化简为一类时不变矩阵方程的参数化求解问题。通过对参数矩阵 Z 的随机取值，得出不同的反馈增益，经过验证这些反馈增益均能使系统的中心谱配置到期望值。

　　本书作者在该领域多年的研究中得到了尊敬的导师段广仁教授和师兄吴爱国教授、周彬教授等的指导和帮助。在本书的写作过程中，作者的研究生张哲和韩超飞做了大量的研究工作。同时，华北水利水电大学电力学院的领导和同事为本书的写作创造了条件，在此一并向他们致以诚挚的谢意。感谢我的家人，他们在我多年的教学和科研工作中给予了许多关心和支持，感谢他们在生活中的陪伴和体谅。

　　国家自然科学基金(No.U1604148，11501200)、河南省高层次人才特殊支持计划(No.ZYQR201810138)对本书研究工作提供了持续的支持，并对本书的出版给予了资助，科学出版社对本书出版给予了全方位的帮助，谨借此机会表达深切的谢意。

　　本书作者尽管做出最大努力，但因学术水平有限，书中可能存在不妥之处，敬请广大读者不吝赐教，笔者将不胜感激。

吕灵灵

2019 年 12 月于华北水利水电大学

目　　录

第1章 绪　　论

1.1　周期矩阵方程的来源

　　作为连接线性时不变系统和时变系统的桥梁，线性周期时变系统是一类非常重要的系统。线性周期系统适用于大部分具有周期属性的模型，比如季节现象和有节奏的生物运动。在工程领域，一些机械系统在稳态情况下受控于某种周期策略，也可以建模为"小扰动"下的线性周期时变系统。还有很大一部分研究动机来源于多级速度数据采样。在信号处理领域，多级速度数字滤波器和滤波器组可以应用于通信、语音处理、图像压缩、天线系统、模拟语音保密系统和数字音频工业。

　　线性周期时变系统来源于非线性系统的线性化。将非线性系统在某些平衡点轨迹附近线性化是一个基本的技巧，该非线性系统可以通过一阶泰勒展开来进行线性逼近。逼近系统是线性时不变的当且仅当逼近轨迹恰好是稳定的。如果它是不稳定的，但是以一种周期的方式变化，线性化后的逼近系统将是一个线性周期时变系统。一般来说，逼近系统是一个线性时变系统，它可以被当作线性周期系统的极端例子来对待，也就是相当于一个周期趋于无穷大的线性周期系统。此外，在对一些线性系统进行控制时，采用线性时不变反馈控制律往往不奏效，而线性周期反馈控制律则能够实现控制目的，并改善系统性能。而由周期状态反馈所产生的闭环系统也是一个线性周期时变系统。由于电子计算机技术的快速发展，许多连续系统都要进行离散处理，因此，对线性离散周期系统的研究就显得尤为重要。目前，在线性离散周期系统领域，已经取得了相当数量的研究成果，但由于它本身固有的时变特性，使得其理论不够完善和深刻，仍有许多问题有待于进一步探讨。

　　具有时变状态和输入维数的线性离散周期系统具有如下的状态空间表达[1]：

$$x(t+1) = A(t)x(t) + B(t)u(t) \qquad (1.1)$$

其中，$t \in \mathbb{Z}$，$x(t) \in \mathbb{R}^{n(t)}$ 为状态变量，$u(t) \in \mathbb{R}^{p(t)}$ 是控制输入变量；$A(t) \in \mathbb{R}^{n(t+1) \times n(t)}$，$B(t) \in \mathbb{R}^{n(t+1) \times p(t)}$ 是周期为 T 的矩阵，即 $A(t+T) = A(t)$，$B(t+T) = $

$B(t)$，并且 $p(t)$，$n(t) \in \mathbb{Z}^+$（正整数集合）是周期为 T 的函数，即 $p(t+T) = p(t)$，$n(t+T) = n(t)$。

一般而言，常见的线性离散周期系统是指状态和输入维数不依赖时间的具有如下形式的系统：

$$x(t+1) = A(t)x(t) + B(t)u(t) \tag{1.2}$$

其中，$t \in \mathbb{Z}$，$x(t) \in \mathbb{R}^n$ 为状态变量，$u(t) \in \mathbb{R}^p$ 是控制输入变量；$A(t) \in \mathbb{R}^{n \times n}$，$B(t) \in \mathbb{R}^{n \times p}$ 是周期为 T 的矩阵，即 $A(t+T) = A(t)$，$B(t+T) = B(t)$。

显然，当系统(1.1)的状态和输入维数固定为时不变时，系统(1.1)就变成了系统(1.2)。关于系统(1.2)，学者们进行了广泛深入地研究，得到了大量研究成果。由于系统(1.1)中状态和输入维数的时间依赖性，导致这类系统的研究比较复杂，已有文献中仅有为数不多的报道。然而，在实践中，有很多实践工程问题可以建模成这类特殊的周期系统，例如，文献[2]采用多速率或多路复用控制输入，离散线性时不变系统或具有固定状态维数的周期系统就可以建模为这样的周期系统。其次，由于周期系统的最小实现通常具有时变状态维度，很多研究人员希望开发一些算法，可用于分析和设计具有时变状态或输入维数的周期系统。因此对具有时变状态和输入维数的线性离散周期系统的研究更具理论价值。此外，具有不同状态和输入维数的周期系统以很自然的方式出现在一些计算问题中[3]，例如低阶动态补偿器的干扰抑制问题和异步采样系统的数字最优降阶补偿器的综合问题。最后，具有时变维数的线性周期系统为线性周期性或时不变对象的各种控制问题提供了统一的状态空间建模框架。因此系统(1.1)是一种更广泛更一般意义下的线性周期系统，对其进行研究，具有重要的理论意义和工程实践价值。

在周期系统的研究中，常常会遇到周期矩阵方程的求解问题,例如周期 Lyapunov 矩阵方程、周期 Riccati 矩阵方程、周期 Sylvester 矩阵方程等。它们在系统分析和设计中起着必不可少的作用。根据文献[4]，[5]，离散线性周期系统的稳定性与离散周期 Lyapunov 方程

$$A(t)P(t)A^{\mathrm{T}}(t) - P(t+1) = -B(t)B^{\mathrm{T}}(t), \quad \forall t \in \mathbb{Z} \tag{1.3}$$

$$A^{\mathrm{T}}(t)P(t+1)A(t) - P(t) = -Q(t), \quad \forall t \in \mathbb{Z} \tag{1.4}$$

紧密相关。线性周期时变广义系统的模型降阶和稳定性分析也可以归结于下述广义投影周期离散代数 Lyapunov 方程的求解[6,7]

$$A(t)X(t)A^{\mathrm{T}}(t) - E(t)X(t+1)E^{\mathrm{T}}(t) = Q(t)B(t)B^{\mathrm{T}}(t)Q_l^{\mathrm{T}}(t)$$

$$X(t) = Q_r(t)G(t)Q_r^{\mathrm{T}}(t) \tag{1.5}$$

在带有 Markovian 变换的离散线性跳变系统的稳定性分析中，通常会遇到下述耦合的离散 Markovian 跳变 Lyapunov(CDMJL)矩阵方程[8]

$$\begin{cases} A_i^{\mathrm{T}}P_i + P_iA_i + Q_i + \sum_{j=1}^{N} p_{ij}P_j = 0 \\ P_i = A_i^{\mathrm{T}}\left(\sum_{j=1}^{N} p_{ij}P_j\right)A_i + Q_i \end{cases}, \quad Q_i > 0, \quad i \in \overline{1,N} \tag{1.6}$$

我们所考虑的另外一类周期方程是离散周期耦合矩阵方程。它在稳定性理论，控制理论，扰动分析以及纯粹数学和应用数学的很多领域都有着广泛的应用。具体来说，离散周期耦合矩阵方程具有下述形式

$$\begin{cases} A_{1,j}X_jB_{1,j} + C_{1,j}Y_jD_{1,j} = E_{1,j} \\ A_{2,j}X_{j+1}B_{2,j} + C_{2,j}Y_jD_{2,j} = E_{2,j} \end{cases}, \quad j \in \overline{0,\ T-1} \tag{1.7}$$

其中，系数矩阵 $A_{i,j}$，$C_{i,j} \in \mathbb{R}^{p_i \times m_i}$，$B_{i,j}$，$D_{i,j} \in \mathbb{R}^{n_i \times q_i}$，$E_{i,j} \in \mathbb{R}^{p_i \times q_i}$，$i = 1,2$，均为以 $T \geqslant 1$ 为周期的给定矩阵；矩阵 X_j，$Y_j \in \mathbb{R}^{m_i \times n_i}$ 为待定解矩阵。一般意义下周期耦合矩阵方程可以含有 $n \geqslant 1$ 个约束方程，但为方便起见，式(1.7)含有两个约束。离散周期耦合矩阵方程式(1.7)含有包括多种线性离散周期矩阵方程作为它的特例，例如式(1.3)～(1.6)。为了便于表述，在式(1.7)中，约束方程仅有两个，一般情况下，周期耦合矩阵方程可以含有 n 个约束矩阵。广义耦合离散周期矩阵方程(1.7)包含了多种线性离散矩阵方程作为它的特例，例如周期 Lyapunov 矩阵方程(1.3)，(1.4)和广义投影周期离散代数 Lyapunov 方程(1.5)，以及 CDMJL 方程(1.6)，(1.7)。此外，当系数矩阵是时不变时，方程(1.7)退化为一般的耦合矩阵方程，在线性时不变系统理论中发挥着重要的作用。

还有一类周期矩阵方程是具有如下形式的周期调节矩阵方程：

$$A(t)V(t) - V(t+1)F(t) = B(t)W(t) + R(t) \tag{1.8}$$

和

$$A(t)V(t+1) - V(t)F(t) = B(t)W(t) + R(t) \qquad (1.9)$$

其中，$A(t) \in \mathbb{R}^{n \times n}$，$B(t) \in \mathbb{R}^{n \times r}$，$F(t) \in \mathbb{R}^{m \times m}$，$R(t) \in \mathbb{R}^{n \times m}$，$t \in \mathbb{Z}$，是已知的以 T 为周期的矩阵，而 $V(t) \in \mathbb{R}^{n \times m}$，$W(t) \in \mathbb{R}^{r \times m}$，是欲求解的以 T 为周期的矩阵。当我们运用周期比例加微分状态反馈，对二阶周期离散系统进行极点配置或者鲁棒控制时，不可避免地遇到此类方程。令 $R(t) = 0$，则该方程可以退化为如下形式的前向周期 Sylvester 矩阵方程和逆向周期 Sylvester 矩阵方程：

$$A(t)V(t) - V(t+1)F(t) = B(t)W(t) \qquad (1.10)$$

和

$$A(t)V(t+1) - V(t)F(t) = B(t)W(t) \qquad (1.11)$$

当采用周期状态反馈对离散线性周期系统进行极点配置时，会遇到方程(1.10)，而且该方程的求解还可以成为求解周期 Lyapunov 矩阵方程的基础[9]。当对离散线性周期系统设计周期 Luenberger 观测器时，会遇到方程(1.11)的求解[10]。特别地，如果方程(1.8)，(1.9)中的所有矩阵都为时不变矩阵时，这两个方程退化为具有下面形式的矩阵方程：

$$AV - VF = BW + R \qquad (1.12)$$

该方程即是广为人知的线性输出调节方程，可用于解决线性时不变系统的输出调节问题和二阶线性系统的特征结构配置等问题[11]。正因为形式上的相似性，我们称方程(1.8)，(1.9)为周期输出调节方程。进一步，令 $R = 0$，方程(1.12)变成如下的 Sylvester 矩阵方程：

$$AV - VF = BW \qquad (1.13)$$

而该方程与线性系统理论中的很多控制器设计问题都紧密相关，比如，状态反馈极点配置问题，部分极点配置问题，特征结构配置问题，Luenberger 观测器设计问题，鲁棒极点配置问题，输出调节和约束控制等[12-14]。

综上所述，周期矩阵方程(1.6)～(1.8)都涵盖了很多种周期时变矩阵方程和时不变矩阵方程，而它们各自都在控制理论和工程实践的特定领域发挥着重要的作用，因此对这两类方程的研究具有重要的科学意义和工程价值。

1.2 国内外研究现状及发展动态分析

1.2.1 相关周期矩阵方程的研究现状和分析

由于矩阵方程在控制系统的分析和综合中发挥的重要作用，近些年得到了控制和数学两大领域学者的广泛研究。遗憾的是，具体到离散周期耦合矩阵方程和离散周期调节矩阵方程，却还没有成熟的研究成果。但是相关的研究成果比较丰富，下面我们将沿着耦合矩阵方程和周期矩阵方程两个脉络介绍一下相关矩阵方程的研究现状和发展动态。

解耦合矩阵方程的一个直接想法是利用 Kronecker 积将其转化为矩阵-向量方程。根据这个思想，一个简单的显式解可以以矩阵逆的形式给出[15]。但是这个方法的缺点是，当系数矩阵维数较高时，计算困难骤增。为了消除这个高维难题，一种选择是将系数矩阵转换成某些特殊形式，然后解一些解耦的矩阵方程。这种方法称为变换法，被广泛采纳。比如，在文献[16]中，通过应用 QZ 分解，广义 Schur 方法被用来求解广义 Sylvester 矩阵方程；文献[17]通过利用标准相关分解，给出了矩阵方程 $(AXB, GXH)=(C, D)$ 的最小范数解；文献[18]基于 Hilbert 空间的投影定理，利用广义奇异值分解和标准相关分解，确立了矩阵方程 $(AXB, GXH)=(C, D)$ 在最小平方意义下的解的解析表达式。解耦合矩阵方程的另外一种有效算法是迭代算法。为了求解方程 CDMJL，文献[19]率先提出一个并行的迭代方案，在基于所有的子系统都是 Schur 稳定的前提下，可以证明，当初始条件选择为零时，该方法可以收敛到准确解。在文献[20]中，去掉了零初始条件的约束，并通过利用离散 Lyapunov 方程的解作为中间步骤，提出了一种新的迭代方法。文献[21]提出了一种解 CDMJL 方程的新的迭代方法，利用内积这一工具，提出的算法能在有限次的迭代后收敛到准确解；而且，该算法不需要将原始的系数矩阵转换成任何标准型。文献[22]构建了一个算法，用于求解矩阵方程 $(AXB, GXH)=(C, D)$，利用这个算法对于任意初始的自反矩阵经过有限次迭代，可以求得该方程的解。文献[23]也提出了一个有限迭代算法以获得耦合矩阵方程 $(AX–YB, GX–YH)=(F, F)$ 的自反解。最近，文献[24]将上述方法推广到求解更一般的耦合矩阵方程 $(AXG - HYB, CXM - NYD)=(E, F)$，获得了相应的双对称解。此外，下述更一般的耦合矩阵方程也被深入研究：

$$A_{i1}X_1B_{i1} + A_{i2}X_2B_{i2} + \cdots + A_{ip}X_pB_{ip} = E_i, \quad i \in \overline{1, N} \tag{1.14}$$

其中，$A_{ij} \in \mathbb{R}^{r_i \times n_j}$，$B_{ij} \in \mathbb{R}^{m_i \times c_j}$，$E_i \in \mathbb{R}^{r_i \times c_j}$，$i \in \overline{1,N}$，$j \in \overline{1,p}$ 都是已知矩阵，$X_j \in \mathbb{R}^{n_j \times m_j}$，$j \in \overline{1,p}$ 是待求解的矩阵。而这种类型的矩阵方程可以将前述其他类型的矩阵方程变成他的特例。当 $p=N$ 时，利用递阶辨识原理，文献[25]提出的迭代算法可以获得方程的唯一最小平方解。文献[26]以优化的思想构建了基于梯度的迭代算法，以求解上述一般的耦合矩阵方程，该方法的显著特点是提出了一个保证算法收敛性的显式的充分必要条件，而且该算法去掉了 $p=N$ 的约束。文献[27]提出了一个基于梯度的优化算法，给出了一般耦合矩阵方程(1.14)的加权最小平方解，同时也提供了保证算法收敛性的充分必要条件。

在对各种时不变矩阵方程进行研究的同时，人们对周期矩阵方程也进行了深入地探讨。基于矩阵序列的周期 Schur 形，文献[28]提出了一种数值算法用来求解周期 Riccati, Lyapunov 和 Sylvester 方程。由于该方法的主要计算是利用酉变换，因而是一种数值上较为稳定的解法。文献[29]对周期 Lyapunov 方程和周期 Sylvester 方程提出了一种 Hessenberg-Schur 算法，该方法具有良好的舍入误差分析，并针对非奇异性给出了一个关于矩阵对的正则性和特征值的刻画。文献[30]基于周期 Schur 分解，提出了有效的数值可靠的算法，用于求解周期 Lyapunov 方程，该方法是标准离散 Lyapunov 方程的直接解法在周期方程上的延伸。文献[31]提出了求解离散周期 Lyapunov 方程的两种算法。第一种算法是仅仅依赖于矩阵乘法的平方 Smith 迭代的变形，适用于并行计算环境；第二种算法基于 Krylov 子空间和阻塞 Arnoldi 算法，适用于具有大比例稀疏系数矩阵的周期 Lyapunov 方程。该文还将这两个算法应用于周期离散系统的平衡截断模型降阶问题以及周期 Riccati 方程的求解问题。文献[32]利用递归阻塞技术求解周期三角形 Sylvester 型矩阵方程，主要的计算是对一个三维数组进行加法和乘法计算。文献[7]定义了对称半正定能达和能观 Gramians 矩阵，指出它们满足投影离散周期 Lyapunov 方程，并将提出的求解投影周期 Lyapunov 方程的数值算法应用于周期广义系统的平衡实现。文献[33]采用交替方向隐式算法和 Smith 算法，考虑了大比例稀疏投影离散周期 Lyapunov 方程，提出了一种数值解法，并将其应用于求解广义离散周期系统的模型降阶问题。

1.2.2　LDP 系统的鲁棒控制研究现状和分析

极点配置是系统设计中的一个基本问题，除了可以用来实现系统镇定外，还可以用来矫正系统的动态性能。在线性离散周期系统领域，极点配置方面的研究成果非常丰富。文献[1]综合了一个鲁棒周期状态反馈律。该方法是文献[34]的方法向线性离散周期系统中的推广，可以处理具有时变状态(输入)空间的线性离散周期系统的极点配置问题，并利用存在于状态反馈控制器中的自由度，给出了一个鲁棒控制器。文献[35]为线性离散周期系统的极点配置提出了一种周期状态反馈控制方案，该方法是基于酉变换的数值可依赖的算法。利用一个隐式的特征分解算法，计算了开环单值性矩阵的 Schur 形，并依次移动它的特征值。在开环系统完全能达的假设下，依这种方式可以配置任意的特征值结集合。该方法的优势在于处理极点配置问题时，只需要移动"不好"的特征值，"好"的特征值保持不动，从而节省了计算量。文献[9]对线性离散周期系统提出了一种求解最小范数和鲁棒极点配置问题的算法。该方法是基于周期 Sylvester 矩阵方程的参数化极点配置算法，并利用该问题解的非唯一性，以闭环系统特征向量矩阵的条件数为优化指标，给出了鲁棒极点配置的周期状态反馈控制器。虽然极点配置取得了极大的进展，但是这些方法有的不能将极点配置到零，有的要求欲配置的极点不能和现有的极点重合，总的来说，就是不能实现极点在复平面上的任意配置，而且对可极点配置的条件施加了一些约束。基于此，文献[36]~[38]分别采用周期状态反馈，周期输出反馈和周期动态补偿器对线性离散周期系统的极点配置问题进行了研究，提出了具有完全自由度的显式参数化的设计方案，可以将闭环系统的极点配置到复平面上的任意位置，而且对自由参数没有任何限制，利用这些先进的控制方法，还进一步分别设计了在周期反馈下的鲁棒极点配置算法。遗憾的是，除了文献[34]之外，上述提及的极点配置结论都是针对状态和输入维数不依赖时间的线性离散周期系统。文献[34]的方法虽然适用于状态和输入维数时间依赖的线性离散周期系统，但其不能实现任意极点配置，且约束条件较强。

由于其在理论和实践中的重要性，除了鲁棒极点配置之外，近些年来，线性离散周期系统的其他控制综合问题得到了广泛的关注。文献[39]考虑了约束正离散周期系统的稳定性和镇定问题。提出的稳定和镇定条件是一些等式和不等式约束，并结合适当的代价函数，在构成的线性规划框架下进行求解，并将结果延伸到有多胞不确定描述的不确定系统中。文献[40]研究了周期系统的离散 H_∞ 控制问题，主要关注镇定解的数值计算，给出了两种有效的可以实际实现的算法描述，利用数值实验，比较了该文提出的算法和已有的算法。文献[41]采用主元分析方法提出了一种传感器故障检测方案。主要思想是建立线性离散周期系统的多模主元分析模型，要求提供一个系统在正常运行中的量测数据库，通过比较量测得到的行为和由主元分析模型给出的期望行为进行比较，检测出故障的传感器。文献[42]考虑了研究了线性离散周期系统的模型预测控制问题，为了镇定目的，提出了两种模型预测控制律设计算法：第一种方法是基于若干个无约束周期控制器之间的插值方案；第二种方法通过结合模型预测控制和插值控制改进了第一种方法的性能。文献[43]研究了具有时变状态和输入空间维数的有限维线性时变系统的最小化理论和实现问题。该文指出了线性离散周期系统的能达性和能观性和其提升系统的能达性和能观性之间的关系，并在此基础上证明了一个线性离散周期系统是最小的充分必要条件是它是完全能达和且完全能观的。此外，该文还给出了两个最小线性离散周期系统相似的充分必要条件。事实上，由于能达和能观子空间的时变维数[44]，考虑具有时变状态和输入维数的状态空间描述来求解卡尔曼标准分解问题和最小实现是非常自然的。正是由于在最小状态空间实现基础上，可以达到降低计算维数、减少计算量、节省计算时间和 CPU 负荷的效果，所以对具有时变状态和输入维数的线性周期系统进行分析和设计具有重要的理论意义和工程实践价值。

由以上分析可以看出，虽然在周期矩阵方程的求解领域存在很多的研究成果，但是大都集中在状态和输入维数不依赖时间的离散周期系统(1.2)上，对于状态和输入维数时间依赖的系统(1.1)，只有零星的研究成果。因此，研究和系统(1.1)相关的约束矩阵具有时变维数的周期矩阵方程，改进已存在的鲁棒极点配置算法，并应用于系统(1.1)的其他综合问题，是非常有理论前景和意义的。

1.3　本书的主要工作和安排

本书对几类周期 Sylvester 矩阵方程的求解问题进行了研究，给出了基于共轭梯度法的迭代求解算法和基于矩阵右互质分解的参数化方法，并将其应用于线性周期系统的鲁棒控制中。进一步，研究了具有时变状态和输入维数的线性周期系统的鲁棒极点配置问题，分别综合了周期状态反馈控制律和周期输出反馈控制律。具体内容如下：

第 1 章阐述了本书的研究背景和意义，指出了研究周期 Sylvester 矩阵方程的必要性。在对国内外在相关领域的文献进行调研的基础上，系统总结该方向的研究成果，综述了该领域的研究现状。

第 2 章考虑了周期 Sylvester 矩阵方程的有限迭代解的问题。通过对传统 CG 算法中的迭代步长进行改进,针对前向/后向周期 Sylvester 矩阵方程和广义周期 Sylvester 矩阵方程在最小二乘意义上提出了一些简洁的算法。这些算法的有效性通过数值仿真算例得到验证。本章进一步将周期 Sylvester 矩阵方程的求解算法应用到 LDP 系统的鲁棒极点配置和观测器设计中,取得了满意的效果。

第 3 章研究了广义周期耦合 Sylvester 矩阵方程的有限迭代解问题。在第 2 章的基础上,本章将迭代算法推广到了更具一般性的广义周期耦合 Sylvester 矩阵方程的求解上。通过对该类方程的可解性分析,给出了其可解的条件。并以有两个广义周期 Sylvester 矩阵方程耦合的情况为初始研究点,将研究内容扩展到具有多个该矩阵方程耦合的情况。针对这些内容,本章给出了相应的迭代算法,可以在任意初始条件下,有限步内收敛到目标方程的精确解。

第 4 章考虑了利用周期比例加微分(PD)反馈对二阶线性周期系统进行鲁棒极点配置的问题。首先利用循环提升及相似变换等技术,将相应的控制器设计问题转化为对特定周期矩阵方程的求解问题,给出了周期控制器的参数化表达,再对目标系统进行鲁棒性分析,完成了相应鲁棒控制器的设计。

第 5 章研究了具有时变状态和输入维数的线性周期系统的极点配置问题。首先刻画了变维线性周期系统区别于通常意义下的线性周期系统的特点,然后通过一个维数排序技巧,对闭环系统的单值性矩阵进行分析,利用矩阵对的右互质分解,以递推的形式分别综合了周期状态反馈控制律和周期输出反馈控制律。

后记对全书所做工作进行了系统、条理地总结,并针对所存在的问题以及有待进一步研究的问题进行了归纳和展望。

第 2 章 周期 Sylvester 矩阵方程的求解及应用

2.1 引 言

由于在系统分析和设计中的重要作用，周期 Sylvester 矩阵方程的求解是现代控制理论领域研究中非常热门的主题之一。许多研究者开展了在周期矩阵方程分析和数值解的研究。文献[11]给出了对前向周期 Sylvester 矩阵方程和后向周期 Sylvester 矩阵方程分别给出了精确且完成的参数化解而没有对参数矩阵进行任何的限制。共轭梯度(conjugate gradient, CG)方法克服了最速下降法收敛速度慢的缺点，并避免了在 Newton 迭代中计算和存储 Hessian 矩阵及其逆的需要。因此许多学者在这一方向上开始了他们的研究。在先前工作的基础上，本章考虑了利用共轭梯度法来给出周期 Sylvester 矩阵方程的有限迭代解。本章改进了在传统 CG 算法中每一步迭代中的计算方法，在最小二乘意义下提出了一些简洁的算法。经过理论推导和仿真验证，本算法在有限步内实现了对前向周期 Sylvester 矩阵方程、后向周期 Sylvester 矩阵方程和广义周期 Sylvester 矩阵方程等三类周期矩阵方程的零误差求解。此外，本章还将周期 Sylvester 矩阵方程的求解结果应用于线性周期系统的鲁棒极点配置和观测器设计，取得了良好的效果。

2.2 周期 Sylvester 矩阵方程的有限迭代解法

本节所考虑的周期 Sylvester 矩阵方程具有如下形式：

$$A_j X_j + X_{j+1} B_j = C_j \tag{2.1}$$

和

$$A_j X_{j+1} + X_j B_j = C_j \tag{2.2}$$

其中，系数矩阵 A_j，B_j，$C_j \in \mathbb{R}^{n \times n}$ 是给定的以 T 为周期的矩阵，$X_j \in \mathbb{R}^{n \times n}$ 是以 T 为周期的待定解矩阵。也就是说 $A_{j+T} = A_j$，$B_{j+T} = B_j$，$C_{j+T} = C_j$，

$X_{j+T} = X_j$。称式 (2.1) 为前向周期 Sylvester 矩阵方程，式 (2.2) 是后向周期 Sylvester 矩阵方程，这两类方程在离散线性周期系统极点配置和状态观测器设计等应用中具有重要的作用。

2.2.1　前向周期 Sylvester 矩阵方程

基于最小二乘法则，寻找矩阵序列 X_j，$j \in \overline{0,\ T-1}$，从而使得如下指标函数最小：

$$J = \frac{1}{2} \sum_{j=0}^{T-1} \left\| C_j - A_j X_j - X_{j+1} B_j \right\|^2 \tag{2.3}$$

其中，$\|\cdot\|$ 表示某矩阵的 F 范数。也就是说，对于偏微分

$$\frac{\partial J}{\partial X_j} = A_j^{\mathrm{T}} (C_j - A_j X_j - X_{j+1} B_j) + (C_{j-1} - A_{j-1} X_{j-1} - X_j B_{j-1}) B_{j-1}^{\mathrm{T}} \tag{2.4}$$

前向 Sylvester 矩阵方程的最小二乘解 $(X_0^*,\ X_1^*, \cdots,\ X_{T-1}^*)$ 满足

$$\left. \frac{\partial J}{\partial X_j} \right|_{X_j = X_j^*} = 0, \quad j = 0,\ 1,\ \cdots,\ T-1 \tag{2.5}$$

进一步，令

$$R_j(k) = \left. \frac{\partial J}{\partial X_j} \right|_{X_j = X_j(k)}$$

则，通过最小二乘方法求解前向 Sylvester 矩阵方程 (2.1) 的算法可如下构建。

算法 2.1　（前向 Sylvester 矩阵方程的迭代求解算法）

1. 选择初始矩阵 $X_j(0) \in \mathbb{R}^{n \times n}$，$j = 0, 1, \cdots, T-1$ 及任意小的正数 ε，计算

$$Q_j(0) = C_j - A_j X_j(0) - X_{j+1}(0) B_j$$
$$R_j(0) = A_j^{\mathrm{T}} Q_j(0) + Q_{j-1}(0) B_{j-1}^{\mathrm{T}}$$
$$P_j(0) = -R_j(0)$$
$$k := 0$$

2. 若 $\left\|R_j(k)\right\| \leqslant \varepsilon$ ，$j = 0, 1, \cdots, T-1$ ，停止；否则进入下一步；

3. 对 $j \in \overline{0, T-1}$ ，计算

$$\alpha(k) = \frac{\sum_{j=0}^{T-1} \text{tr}\left[P_j^{\mathrm{T}}(k)R_j(k)\right]}{\sum_{j=0}^{T-1}\left\|A_j P_j(k) + P_{j+1}(k)B_j\right\|^2}$$

$$X_j(k+1) = X_j(k) + \alpha(k)P_j(k)$$

$$Q_j(k+1) = C_j - A_j X_j(k+1) - X_{j+1}(k+1)B_j$$

$$R_j(k+1) = A_j^{\mathrm{T}} Q_j(k+1) + Q_{j-1}(k+1)B_{j-1}^{\mathrm{T}}$$

$$P_j(k+1) = -R_j(k+1) + \frac{\sum_{j=0}^{T-1}\left\|R_j(k+1)\right\|^2}{\sum_{j=0}^{T-1}\left\|R_j(k)\right\|^2} P_j(k)$$

$$k = k+1$$

4. 返回第二步。

注释 2.1　由于函数 J 是一个二次函数，有且仅有一个极值点，在定义域内该极值点就是最值点。这也就是说对于任意初始值，该指标函数不会落入局部最优点。

在该算法的运行中，当指标函数 J 对一个周期内所有 X_i 的偏导数 R_i 在第 k 次迭代中的值 $R_i(k)$ 的 F 范数均小于容许误差 ε ，则算法收敛并同时给出在该次迭代中得出的解 $X_i^*, i = \overline{0, T-1}$ ，也就是说解矩阵 $X_i^*, i = \overline{0, T-1}$ 满足式 (2.5)。即得出前向周期 Sylvester 矩阵方程 (2.1) 的数值解。

本节余下部分将要讨论算法 2.1 的收敛性。首先，有一些必要的引理在这里给出。

引理 2.1　对于算法 2.1 中所产生的矩阵序列 $\{R_j(k)\}$ ，$\{P_j(k)\}$ ，有如下关系成立：

$$\sum_{j=0}^{T-1} \text{tr}\left[R_j^{\mathrm{T}}(k+1)P_j(k)\right] = 0, \quad k \geqslant 0$$

证明：根据算法 2.1 中 $X_j(k+1)$ 的表示，有如下推导过程：

$$R_j(k+1) = A_j^{\mathrm{T}}\left(C_j - A_j X_j(k+1) - X_{j+1}(k+1)B_j\right)$$
$$+\left(C_{j-1} - A_{j-1}X_{j-1}(k+1) - X_j(k+1)B_{j-1}\right)B_{j-1}^{\mathrm{T}}$$
$$= A_j^{\mathrm{T}}\left(C_j - A_j X_j(k) - X_{j+1}(k)B_j\right)$$
$$+\left(C_{j-1} - A_{j-1}X_{j-1}(k) - X_j(k)B_{j-1}\right)B_{j-1}^{\mathrm{T}}$$
$$-\alpha(k)A_j^{\mathrm{T}}\left(A_j P_j(k) + P_{j+1}(k)B_j\right)$$
$$-\alpha(k)\left(A_{j-1}P_{j-1}(k) + P_j(k)B_{j-1}\right)B_{j-1}^{\mathrm{T}}$$
$$= R_j(k) - \alpha(k)\Big[A_j^{\mathrm{T}}\left(A_j P_j(k) + P_{j+1}(k)B_j\right)$$
$$+\left(A_{j-1}P_{j-1}(k) + P_j(k)B_{j-1}\right)B_{j-1}^{\mathrm{T}}\Big]$$

接下来，有

$$\mathrm{tr}\left[R_j^{\mathrm{T}}(k+1)P_j(k)\right] = \mathrm{tr}\left[R_j^{\mathrm{T}}(k)P_j(k)\right]$$
$$-\alpha(k)\mathrm{tr}\left[\left(A_j P_j(k) + P_{j+1}(k)B_j\right)^{\mathrm{T}} A_j P_j(k)\right]$$
$$-\alpha(k)\mathrm{tr}\left[\left(A_{j-1}P_{j-1}(k) + P_j(k)B_{j-1}\right)^{\mathrm{T}} P_j(k)B_{j-1}\right] \quad (2.6)$$

然后，对式 (2.6) 从 $j=0$ 到 $j=T-1$ 进行求和，有

$$\sum_{j=0}^{T-1}\mathrm{tr}\left[R_j^{\mathrm{T}}(k+1)P_j(k)\right] = \sum_{j=0}^{T-1}\mathrm{tr}\left[R_j^{\mathrm{T}}(k)P_j(k)\right]$$
$$-\alpha(k)\sum_{j=0}^{T-1}\mathrm{tr}\left[\left(A_j P_j(k) + P_{j+1}(k)B_j\right)^{\mathrm{T}} A_j P_j(k)\right]$$
$$-\alpha(k)\sum_{j=0}^{T-1}\mathrm{tr}\left[\left(A_{j-1}P_{j-1}(k) + P_j(k)B_{j-1}\right)^{\mathrm{T}} P_j(k)B_{j-1}\right]$$
$$= \sum_{j=0}^{T-1}\mathrm{tr}\left[R_j^{\mathrm{T}}(k)P_j(k)\right] - \alpha(k)\sum_{j=0}^{T-1}\left\|A_j P_j(k) + P_{j+1}(k)B_j\right\|^2$$

而根据算法 2.1 中 $\alpha(k)$ 的表示，可以轻易得到

$$\sum_{j=0}^{T-1}\mathrm{tr}\left[R_j^{\mathrm{T}}(k+1)P_j(k)\right] = 0, \quad k \geqslant 0$$

因此引理 2.1 得证。

引理 2.2　对于算法 2.1 中所产生的矩阵序列 $\{R_j(k)\}$，$\{P_j(k)\}$，有如下关系成立：

$$\sum_{j=0}^{T-1}\mathrm{tr}\left[R_j^{\mathrm{T}}(k)P_j(k)\right]=-\sum_{j=0}^{T-1}\left\|R_j(k)\right\|^2,\quad k\geqslant 0 \tag{2.7}$$

证明： 易得当 $k=0$ 时式 (2.7) 自然成立。当 $k>0$ 时，由算法 2.1 中 $P_j(k+1)$ 的表达，有

$$\mathrm{tr}\left[R_j^{\mathrm{T}}(k+1)P_j(k+1)\right]=-\left\|R_j(k+1)\right\|^2+\frac{\sum_{j=0}^{T-1}\left\|R_j(k+1)\right\|^2}{\sum_{j=0}^{T-1}\left\|R_j(k)\right\|^2}\mathrm{tr}\left[R_j^{\mathrm{T}}(k+1)P_j(k)\right] \tag{2.8}$$

对从 $j=0$ 到 $j=T-1$ 对式 (2.8) 进行求和，有

$$\sum_{j=0}^{T-1}\mathrm{tr}\left[R_j^{\mathrm{T}}(k+1)P_j(k+1)\right]$$

$$=-\sum_{j=0}^{T-1}\left\|R_j(k+1)\right\|^2+\frac{\sum_{j=0}^{T-1}\left\|R_j(k+1)\right\|^2}{\sum_{j=0}^{T-1}\left\|R_j(k)\right\|^2}\sum_{j=0}^{T-1}\mathrm{tr}\left[R_j^{\mathrm{T}}(k+1)P_j(k)\right]$$

而根据引理 2.1，有如下等式成立：

$$\sum_{j=0}^{T-1}\mathrm{tr}\left[R_j^{\mathrm{T}}(k+1)P_j(k+1)\right]=-\sum_{j=0}^{T-1}\left\|R_j(k+1)\right\|^2$$

即引理 2.2 得证。

引理 2.3　对于算法 2.1 中所产生的矩阵序列 $\{R_j(k)\}$，$\{P_j(k)\}$，有如下关系成立：

$$\sum_{k\geqslant 0}\frac{\left(\sum_{j=0}^{T-1}\left\|R_j(k)\right\|^2\right)^2}{\sum_{j=0}^{T-1}\left\|P_j(k)\right\|^2}<\infty$$

证明： 首先，定义如下符号：

$$\pi = \left\| \begin{bmatrix} E \otimes A_0 & B_0^{\mathrm{T}} \otimes E & & & \\ & E \otimes A_1 & B_1^{\mathrm{T}} \otimes E & & \\ & & E \otimes A_2 & \ddots & \\ & & & \ddots & B_{T-2}^{\mathrm{T}} \otimes E \\ B_{T-1}^{\mathrm{T}} \otimes E & & & & E \otimes A_{T-1} \end{bmatrix} \right\|_2^2 \tag{2.9}$$

其中，E 是 n 阶单位矩阵。利用克罗内科积原理及拉直算子，有如下推导过程：

$$\sum_{j=0}^{T-1} \left\| A_j P_j(k) + P_{j+1}(k) B_j \right\|^2$$

$$= \sum_{j=0}^{T-1} \left\| \left(E \otimes A_j \right) \mathrm{vec}\left(P_j(k) \right) + \left(B_j^{\mathrm{T}} \otimes E \right) \mathrm{vec}\left(P_{j+1}(k) \right) \right\|^2$$

$$= \left\| \begin{matrix} \left(E \otimes A_0 \right) \mathrm{vec}\left(P_0(k) \right) + \left(B_0^{\mathrm{T}} \otimes E \right) \mathrm{vec}\left(P_1(k) \right) \\ \left(E \otimes A_1 \right) \mathrm{vec}\left(P_1(k) \right) + \left(B_1^{\mathrm{T}} \otimes E \right) \mathrm{vec}\left(P_2(k) \right) \\ \vdots \\ \left(E \otimes A_{T-1} \right) \mathrm{vec}\left(P_{T-1}(k) \right) + \left(B_{T-1}^{\mathrm{T}} \otimes E \right) \mathrm{vec}\left(P_0(k) \right) \end{matrix} \right\|^2$$

$$= \left\| \begin{bmatrix} E \otimes A_0 & B_0^{\mathrm{T}} \otimes E & & & \\ & E \otimes A_1 & B_1^{\mathrm{T}} \otimes E & & \\ & & E \otimes A_2 & \ddots & \\ & & & \ddots & B_{T-2}^{\mathrm{T}} \otimes E \\ B_{T-1}^{\mathrm{T}} \otimes E & & & & E \otimes A_{T-1} \end{bmatrix} \begin{bmatrix} \mathrm{vec}\left(P_0(k) \right) \\ \mathrm{vec}\left(P_1(k) \right) \\ \mathrm{vec}\left(P_2(k) \right) \\ \vdots \\ \mathrm{vec}\left(P_{T-1}(k) \right) \end{bmatrix} \right\|^2$$

$$\leqslant \left\| \begin{bmatrix} E \otimes A_0 & B_0^{\mathrm{T}} \otimes E & & & \\ & E \otimes A_1 & B_1^{\mathrm{T}} \otimes E & & \\ & & E \otimes A_2 & \ddots & \\ & & & \ddots & B_{T-2}^{\mathrm{T}} \otimes E \\ B_{T-1}^{\mathrm{T}} \otimes E & & & & E \otimes A_{T-1} \end{bmatrix} \right\|_2^2 \left\| \begin{bmatrix} \mathrm{vec}\left(P_0(k) \right) \\ \mathrm{vec}\left(P_1(k) \right) \\ \mathrm{vec}\left(P_2(k) \right) \\ \vdots \\ \mathrm{vec}\left(P_{T-1}(k) \right) \end{bmatrix} \right\|^2$$

$$= \pi \sum_{j=0}^{T-1} \left\| P_j(k) \right\|^2$$

也就是说，有如下关系成立：

$$\sum_{j=0}^{T-1}\left\|A_j P_j(k)+P_{j+1}(k)B_j\right\|^2 \leqslant \pi \sum_{j=0}^{T-1}\left\|P_j(k)\right\|^2 \qquad (2.10)$$

再一次利用算法 2.1 中 $\alpha(k)$ 的表示，根据引理 2.2，当 $k \geqslant 0$，有如下推导成立：

$$
\begin{aligned}
J(k+1) &= \frac{1}{2}\sum_{j=0}^{T-1}\left\|C_j - A_j X_j(k+1) - X_{j+1}(k+1)B_j\right\|^2 \\
&= \frac{1}{2}\sum_{j=0}^{T-1}\left\|Q_j(k) - \alpha(k)\left[A_j P_j(k)+P_{j+1}(k)B_j\right]\right\|^2 \\
&= \frac{1}{2}\sum_{j=0}^{T-1}\left\|Q_j(k)\right\|^2 - \alpha(k)\sum_{j=0}^{T-1}\mathrm{tr}\left[Q_j^{\mathrm{T}}(k)\left(A_j P_j(k)+P_{j+1}(k)B_j\right)\right] \\
&\quad + \frac{1}{2}\alpha^2(k)\sum_{j=0}^{T-1}\left\|A_j P_j(k)+P_{j+1}(k)B_j\right\|^2 \\
&= J(k) - \alpha(k)\sum_{j=0}^{T-1}\mathrm{tr}\left[P_j^{\mathrm{T}}(k)A_j^{\mathrm{T}}Q_j(k)+P_j^{\mathrm{T}}(k)Q_{j-1}(k)B_{j-1}^{\mathrm{T}}\right] \\
&\quad + \frac{1}{2}\alpha(k)\sum_{j=0}^{T-1}\mathrm{tr}\left[P_j^{\mathrm{T}}(k)R_j(k)\right] \\
&= J(k) - \frac{1}{2}\alpha(k)\sum_{j=0}^{T-1}\mathrm{tr}\left[P_j^{\mathrm{T}}(k)R_j(k)\right]
\end{aligned}
$$

也就是说，我们有

$$
\begin{aligned}
&J(k+1) - J(k) \\
&= -\frac{1}{2}\frac{\left(\sum_{j=0}^{T-1}\mathrm{tr}\left[P_j^{\mathrm{T}}(k)R_j(k)\right]\right)^2}{\sum_{j=0}^{T-1}\left\|A_j P_j(k)+P_{j+1}(k)B_j\right\|^2} \\
&\leqslant 0
\end{aligned}
\qquad (2.11)
$$

这就意味着 $\{J(k)\}$ 是一个单调递减序列。所以，对于所有的 $k \geqslant 0$，存在如下关系：

$$J(k+1) \leqslant J(0)$$

所以我们有

$$\sum_{k=0}^{\infty}\big(J(k)-J(k+1)\big)=J(0)-\lim_{k\to\infty}J(k)<\infty \tag{2.12}$$

进一步地，结合式 (2.10) 与式 (2.12)，可以得到

$$\sum_{k\geqslant 0}\frac{\left(\sum_{j=0}^{T-1}\big\|R_j(k)\big\|^2\right)^2}{\sum_{j=0}^{T-1}\big\|P_j(k)\big\|^2}=\sum_{k\geqslant 0}\frac{\left(\sum_{j=0}^{T-1}\mathrm{tr}\left[R_j^{\mathrm{T}}(k)P_j(k)\right]\right)^2}{\sum_{j=0}^{T-1}\big\|P_j(k)\big\|^2}$$

$$\leqslant \pi\sum_{k\geqslant 0}\frac{\left(\sum_{j=0}^{T-1}\mathrm{tr}\left[R_j^{\mathrm{T}}(k)P_j(k)\right]\right)^2}{\sum_{j=0}^{T-1}\big\|A_jP_j(k)+P_{j+1}(k)B_j\big\|^2}=2\pi\Big(J(0)-\lim_{k\to\infty}J(k)\Big)$$

$$<\infty$$

综上所述，引理 2.3 得证。

经过以上三个引理的铺垫，我们可以得到如下结论。

定理 2.1　考虑前向周期 Sylvester 矩阵方程 (2.1)。算法 2.1 中所产生的矩阵序列 $\{R_j(k)\}$ 满足如下关系：

$$\lim_{k\to\infty}\big\|R_j(k)\big\|=0$$

因此，由算法 2.1 所产生的解 $X_j(k)$，$j\in\overline{0,T-1}$ 即为前向周期 Sylvester 矩阵方程 (2.1) 的解。

证明：回顾引理 2.1，参照算法 2.1 中 $P_j(k+1)$ 的表达，有如下关系成立：

$$\sum_{j=0}^{T-1}\big\|P_j(k+1)\big\|^2=\sum_{j=0}^{T-1}\left\|-R_j(k+1)+\frac{\sum_{j=0}^{T-1}\big\|R_j(k+1)\big\|^2}{\sum_{j=0}^{T-1}\big\|R_j(k)\big\|^2}P_j(k)\right\|^2$$

$$=\left(\frac{\sum_{j=0}^{T-1}\big\|R_j(k+1)\big\|^2}{\sum_{j=0}^{T-1}\big\|R_j(k)\big\|^2}\right)^2\sum_{j=0}^{T-1}\big\|P_j(k)\big\|^2+\sum_{j=0}^{T-1}\big\|R_j(k+1)\big\|^2 \tag{2.13}$$

令

$$t(k) = \frac{\sum_{j=0}^{T-1}\left\|P_j(k)\right\|^2}{\left(\sum_{j=0}^{T-1}\left\|R_j(k)\right\|^2\right)^2}$$

则式 (2.13) 可以被等价地重新写为

$$t(k+1) = t(k) + \frac{1}{\sum_{j=0}^{T-1}\left\|R_j(k+1)\right\|^2} \tag{2.14}$$

利用反证法，假设

$$\lim_{k\to\infty}\sum_{j=0}^{T-1}\left\|R_j(k)\right\|^2 \neq 0$$

则意味着存在一个正数 $\delta > 0$（无论它多么小），总存在一个正整数 K，使得当 $k \geqslant K$ 时，有

$$\sum_{j=0}^{T-1}\left\|R_j(k)\right\|^2 \geqslant \delta \tag{2.15}$$

根据式 (2.14) 及式 (2.15)，可知

$$t(k+1) \leqslant t(0) + \frac{k+1}{\delta}$$

即

$$\frac{1}{t(k+1)} \geqslant \frac{\delta}{\delta t(0) + k + 1}$$

对上式两端进行求和，有如下关系成立：

$$\sum_{k=1}^{\infty}\frac{1}{t(k)} \geqslant \sum_{k=1}^{\infty}\frac{\delta}{\delta t(0) + k + 1} = \infty$$

然而，根据引理 2.3，我们有

$$\sum_{k=1}^{\infty}\frac{1}{t(k)} < \infty$$

矛盾。于是，定理 2.1 得证。

2.2.2　后向周期 Sylvester 矩阵方程

与上一小节相似，本小节要求解后向周期 Sylvester 矩阵方程(2.2)，就要寻找矩阵序列 X_j，$j \in \overline{0, T-1}$ 来使得如下指标函数最小：

$$J = \frac{1}{2} \sum_{j=0}^{T-1} \left\| C_j - A_j X_{j+1} - X_j B_j \right\|^2 \tag{2.16}$$

也就是说，对于偏微分方程

$$\frac{\partial J}{\partial X_j} = A_{j-1}^{\mathrm{T}} \left(C_{j-1} - A_{j-1} X_j - X_{j-1} B_{j-1} \right) + \left(C_j - A_j X_{j+1} - X_j B_j \right) B_j^{\mathrm{T}}$$

后向周期 Sylvester 矩阵方程的最小二乘解 $\left(X_0^*,\ X_1^*, \cdots,\ X_{T-1}^* \right)$ 满足

$$\left. \frac{\partial J}{\partial X_j} \right|_{X_j = X_j^*} = 0, \quad j = 0,\ 1,\ \cdots,\ T-1 \tag{2.17}$$

进一步，令

$$R_j(k) = \left. \frac{\partial J}{\partial X_j} \right|_{X_j = X_j(k)}$$

则通过最小二乘方法求解后向 Sylvester 矩阵方程(2.2)的算法可如下构建。

算法 2.2　（后向周期 Sylvester 矩阵方程的迭代求解算法）

1. 选择初始矩阵 $X_j(0) \in \mathbb{R}^{n \times n}$，$j = 0, 1, \cdots, T-1$ 及任意小的正数 ε，计算

$$Q_j(0) = C_j - A_j X_{j+1}(0) - X_j(0) B_j$$
$$R_j(0) = A_{j-1}^{\mathrm{T}} Q_{j-1}(0) + Q_j(0) B_j^{\mathrm{T}}$$
$$P_j(0) = -R_j(0)$$
$$k := 0$$

2. 若 $\left\| R_j(k) \right\| \leqslant \varepsilon$，$j = 0, 1, \cdots, T-1$，停止；否则进入下一步。

3. 对 $j \in \overline{0, T-1}$，计算

$$\alpha(k) = \frac{\sum_{j=0}^{T-1} \mathrm{tr}\left[P_j^{\mathrm{T}}(k)R_j(k)\right]}{\sum_{j=0}^{T-1}\left\|A_j P_{j+1}(k) + P_j(k)B_j\right\|^2}$$

$$X_j(k+1) = X_j(k) + \alpha(k)P_j(k)$$

$$Q_j(k+1) = C_j - A_j X_{j+1}(k+1) - X_j(k+1)B_j$$

$$R_j(k+1) = A_{j-1}^{\mathrm{T}} Q_{j-1}(k+1) + Q_j(k+1)B_{j-1}^{\mathrm{T}}$$

$$P_j(k+1) = -R_j(k+1) + \frac{\sum_{j=0}^{T-1}\left\|R_j(k+1)\right\|^2}{\sum_{j=0}^{T-1}\left\|R_j(k)\right\|^2} P_j(k)$$

$$k = k+1$$

4. 返回第二步。

　　与 2.2 节的结论类似，关于算法 2.2 的收敛性证明我们有如下结论，其证明从略。

引理 2.4　对于算法 2.2 中所产生的矩阵序列 $\{R_j(k)\}$，$\{P_j(k)\}$，有如下关系成立：

$$\sum_{j=0}^{T-1} \mathrm{tr}\left[R_j^{\mathrm{T}}(k+1)P_j(k)\right] = 0, \quad k \geqslant 0$$

引理 2.5　对于算法 2.2 中所产生的矩阵序列 $\{R_j(k)\}$，$\{P_j(k)\}$，有如下关系成立：

$$\sum_{j=0}^{T-1} \mathrm{tr}\left[R_j^{\mathrm{T}}(k)P_j(k)\right] = -\sum_{j=0}^{T-1}\left\|R_j(k)\right\|^2, \quad k \geqslant 0$$

引理 2.6　对于算法 2.2 中所产生的矩阵序列 $\{R_j(k)\}$，$\{P_j(k)\}$，有如下关系成立：

$$\sum_{k \geqslant 0} \frac{\left(\sum_{j=0}^{T-1}\left\|R_j(k)\right\|^2\right)^2}{\sum_{j=0}^{T-1}\left\|P_j(k)\right\|^2} < \infty$$

定理 2.2　考虑后向周期 Sylvester 矩阵方程 (2.2)。算法 2.2 中所产生的矩阵序列 $\{R_j(k)\}$ 满足如下关系：

$$\lim_{k \to \infty} \left\| R_j(k) \right\| = 0$$

因此，由算法 2.2 所产生的解 $X_j(k)$，$j \in \overline{0, T-1}$ 即为后向周期 Sylvester 矩阵方程 (2.2) 的解。

注释 2.2　事实上，前向周期 Sylvester 矩阵方程 (2.1) 与后向周期 Sylvester 矩阵方程 (2.2) 在数学分析意义上是等价的。注意到

$$A_j X_{j+1} + X_j B_j = C_j \Leftrightarrow \left(A_j X_{j+1} + X_j B_j \right)^{\mathrm{T}} = C_j^{\mathrm{T}}$$
$$\Leftrightarrow X_{j+1}^{\mathrm{T}} A_j^{\mathrm{T}} + B_j^{\mathrm{T}} X_j^{\mathrm{T}} = C_j^{\mathrm{T}}$$
$$\Leftrightarrow B_j^{\mathrm{T}} X_j^{\mathrm{T}} + X_{j+1}^{\mathrm{T}} A_j^{\mathrm{T}} = C_j^{\mathrm{T}}$$

令

$$Z_j := X_j^{\mathrm{T}}, \ \widehat{A_j} := B_j^{\mathrm{T}}, \ \widehat{B_j} := A_j^{\mathrm{T}}, \ \widehat{C_j} := C_j^{\mathrm{T}}$$

则有

$$A_j X_{j+1} + X_j B_j = C_j \Leftrightarrow \widehat{A_j} Z_j + Z_{j+1} \widehat{B_j} = \widehat{C_j}$$

但是为了便于读者理解，添加了 2.2.2 节仅供参考。

例 2.1　在本例中，我们将给出一个例子来说明所提出算法 2.1 的有效性。其中我们将与文献 [45] 中所提出方法进行比较，以显出本方法的效率。考虑如下周期为 3 的前向周期 Sylvester 矩阵方程：

$$A_j X_j + X_{j+1} B_j = C_j$$

其中，约束矩阵分别为

$$A_i = \begin{cases} \begin{bmatrix} 2.7 & 0.9 \\ -1.1 & 2.3 \end{bmatrix}, i=0 \\ \begin{bmatrix} 4.2 & 1.3 \\ -1.9 & 3.8 \end{bmatrix}, i=1 \\ \begin{bmatrix} 6.1 & 3.8 \\ -3.1 & 6.3 \end{bmatrix}, i=2 \end{cases}, \quad B_i = \begin{cases} \begin{bmatrix} 1.5 & -0.2 \\ 0.4 & 1 \end{bmatrix}, i=0 \\ \begin{bmatrix} 2.1 & -0.4 \\ 0.4 & 2 \end{bmatrix}, i=1 \\ \begin{bmatrix} 3.1 & -0.6 \\ 0.7 & 3.5 \end{bmatrix}, i=2 \end{cases}, \quad C_i = \begin{cases} \begin{bmatrix} 13.2 & 10.6 \\ 0.6 & 8.4 \end{bmatrix}, i=0 \\ \begin{bmatrix} 26.4 & 21.2 \\ 1.2 & 16.8 \end{bmatrix}, i=1 \\ \begin{bmatrix} 38.6 & 32.1 \\ 1.6 & 24.2 \end{bmatrix}, i=2 \end{cases}$$

该方程的解 X_0，X_1，X_2 分别为

$$X_0 = \begin{bmatrix} 2.2793996 & 2.1443471 \\ -0.0051931702 & 2.8579759 \end{bmatrix}$$

$$X_1 = \begin{bmatrix} 3.8959223 & 3.0173185 \\ 0.91464058 & 4.3687107 \end{bmatrix}$$

$$X_2 = \begin{bmatrix} 3.7974097 & 2.1833681 \\ 1.8075207 & 3.3273581 \end{bmatrix}$$

给定初始矩阵 $X_0(0) = X_1(0) = X_2(0) = 10^{-6} I(2)$,其中 $I(2)$ 表示二阶单位矩阵,并定义相对误差为

$$\delta(k) = \sqrt{\frac{\sum_{j=0}^{T-1} \left\| X_j(k) - X_j \right\|^2}{\sum_{j=0}^{T-1} \left\| X_j \right\|^2}}, \quad j = 0, 1, 2$$

利用算法 2.1 及文献[45](设置其迭代步长为 0.006)中所给出的方法计算序列 $X_0(k)$, $X_1(k)$, $X_2(k)$,其数值结果可在图 2-1 中得到。

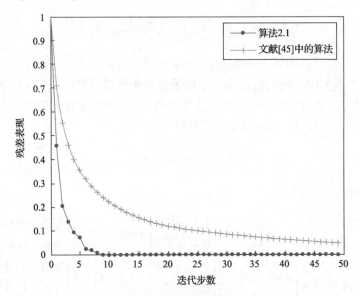

图 2-1 两种算法的残差比较

Figure 2-1 The residual comparison of two algorithms

从图中我们可以看出,采用算法 2.1 可以取得更快的收敛速度。

2.3　关于广义周期 Sylvester 矩阵方程的求解

2.3.1　准备工作

在本节，我们给出了关于形如

$$A_j X_j B_j + C_j X_{j+1} D_j = E_j \tag{2.18}$$

的广义离散周期 Sylvester 矩阵方程的求解算法。其中系数矩阵 A_j，B_j，C_j，D_j 和 $E_j \in \mathbb{R}^{n \times n}$，$j \in \overline{0,\ T-1}$ 均为以 T 为周期的已知矩阵，$X_j \in \mathbb{R}^{n \times n}$ 是以 T 为周期的待定解矩阵。广义离散周期 Sylvester 矩阵方程包含了许多形式的周期矩阵方程作为其特例，例如 2.2 节所研究的前向周期 Sylvester 矩阵方程、后向周期 Sylvester 矩阵方程和广义时不变 Sylvester 矩阵方程 $AXB + CXD = E$。基于梯度的思想，为了求解这个方程，我们需要寻找唯一的解矩阵序列 $\{X_j\}$，$j \in \overline{0,T-1}$ 使得如下指标函数最小：

$$J = \frac{1}{2} \sum_{j=0}^{T-1} \left\| E_j - A_j X_j B_j - C_j X_{j+1} D_j \right\|^2 \tag{2.19}$$

其中，$\|\bullet\|$ 表示某矩阵的 F 范数。这也就是说，对于偏微分矩阵方程

$$\begin{aligned}
\frac{\partial J}{\partial X_j} &= A_j^{\mathrm{T}} \left(E_j - A_j X_j B_j - C_j X_{j+1} D_j \right) B_j^{\mathrm{T}} \\
&\quad + C_{j-1}^{\mathrm{T}} \left(E_{j-1} - A_{j-1} X_{j-1} B_{j-1} - C_{j-1} X_j D_{j-1} \right) D_{j-1}^{\mathrm{T}}
\end{aligned}$$

方程 (2.18) 的最小二乘解 $\left(X_0^*,\ X_1^*,\ \cdots,\ X_{T-1}^* \right)$ 满足

$$\left. \frac{\partial J}{\partial X_j} \right|_{X_j = X_j^*} = 0 \tag{2.20}$$

2.3.2　求解算法及其收敛性分析

经过上述讨论，基于共轭梯度方法求解广义周期 Sylvester 矩阵方程的迭代算法可被刻画如算法 2.3。其收敛性的理论证明将在本节剩余部分讨论。

算法 2.3　（求解广义周期 **Sylvester** 矩阵方程）

1. 设定容许误差 ε，选择任意初值 $X_i(0) \in \mathbb{R}^{n \times n}$ $i = \overline{0, T-1}$，计算

$$Q_j(0) = E_j - A_j X_j(0) B_j - C_j X_{j+1}(0) D_j$$

$$R_j(0) = A_j^{\mathrm{T}} Q_j(0) B_j^{\mathrm{T}} + C_j^{\mathrm{T}} Q_{j-1}(0) D_{j-1}^{\mathrm{T}}$$

$$P_j(0) = -R_j(0)$$

$$k := 0$$

2. 如果 $\left\| R_j(k) \right\| \leqslant \varepsilon$，$j \in \overline{0, T-1}$，停止；否则进入下一步。

3. 对于 $j \in \overline{0, T-1}$，计算

$$\alpha(k) = \frac{\sum_{j=0}^{T-1} \left[P_j^{\mathrm{T}}(k) R_j(k) \right]}{\sum_{j=0}^{T-1} \left\| A_j P_j(k) B_j + C_j P_{j+1}(k) D_j \right\|^2}$$

$$X_j(k+1) = X_j(k) + \alpha(k) P_j(k) \in \mathbb{R}^{n \times n}$$

$$Q_j(k+1) = E_j - A_j X_j(k+1) B_j - C_j X_{j+1}(k+1) D_j \in \mathbb{R}^{n \times n}$$

$$R_j(k+1) = A_j^{\mathrm{T}} Q_j(k+1) B_j^{\mathrm{T}} + C_{j-1}^{\mathrm{T}} Q_{j-1}(k+1) D_{j-1}^{\mathrm{T}}$$

$$P_j(k+1) = -R_j(k+1) + \frac{\sum_{j=0}^{T-1} \left\| R_j(k+1) \right\|^2}{\sum_{j=0}^{T-1} \left\| R_j(k) \right\|^2} P_j(k) \in \mathbb{R}^{n \times n}$$

$$k = k+1$$

4. 返回第 2 步。

在该算法的运行中，当指标函数 J 对一个周期内所有 X_j 的偏导数 R_j 在第 k 次迭代中的值 $R_j(k)$ 的 F 范数均小于容许误差 ε，则算法收敛并同时给出在该次迭代中得出的解 X_j^*，$j \in \overline{0, T-1}$，也就是说解矩阵 X_j^*，$j \in \overline{0, T-1}$ 满足 (2.20)。即得出广义周期 Sylvester 矩阵方程 (2.18) 的数值解。

注释 2.3　由于本算法不包含循环嵌套，故只需 $O(Tn)$ 级别的计算复杂度。

注释 2.4　由于本算法的计算复杂度低，算法运行过程不涉及矩阵求逆和其他变换，病态矩阵不会给算法带来冗余误差的积累。因此，该算法可以被认为是数值稳定的。

在本节的剩余部分将讨论算法 2.3 的正确性与收敛性。为了进一步讨论的方便，一些基础的结论需要被首先给出并证明。

引理 2.7　对于算法 2.3 中所产生的矩阵序列 $\{R_j(k)\}$，$\{P_j(k)\}$，有如下关系成立:

$$\sum_{j=0}^{T-1} \mathrm{tr}\left[R_j^{\mathrm{T}}(k+1)P_j(k)\right]=0,\ k\geqslant 0$$

证明:　根据算法 2.3 中的第 3 步,有如下推导:

$$
\begin{aligned}
R_j(k+1) &= A_j^{\mathrm{T}}\left(E_j - A_j X_j(k+1)B_j - C_j X_{j+1}(k+1)D_j\right)B_j^{\mathrm{T}}\\
&\quad + C_{j-1}^{\mathrm{T}}\left(E_{j-1} - A_{j-1}X_{j-1}(k+1)B_{j-1} - C_{j-1}X_j(k+1)D_{j-1}\right)D_{j-1}^{\mathrm{T}}\\
&= A_j^{\mathrm{T}}\left(E_j - A_j X_j(k)B_j - C_j X_{j+1}(k)D_j\right)B_j^{\mathrm{T}}\\
&\quad + C_{j-1}^{\mathrm{T}}\left(E_{j-1} - A_{j-1}X_{j-1}(k)B_{j-1} - C_{j-1}X_j(k)D_{j-1}\right)B_{j-1}^{\mathrm{T}}\\
&\quad - \alpha(k)A_j^{\mathrm{T}}\left(A_j P_j(k)B_j + C_j P_{j+1}(k)D_j\right)B_j^{\mathrm{T}}\\
&\quad - \alpha(k)C_{j-1}^{\mathrm{T}}\left(A_{j-1}P_{j-1}(k)B_{j-1} + C_{j-1}P_j(k)B_{j-1}\right)D_{j-1}^{\mathrm{T}}\\
&= R_j(k) - \alpha(k)A_j^{\mathrm{T}}\left(A_j P_j(k)B_j + C_j P_{j+1}(k)D_j\right)B_j^{\mathrm{T}}\\
&\quad - \alpha(k)C_{j-1}^{\mathrm{T}}\left(A_{j-1}P_{j-1}(k)B_{j-1} + C_{j-1}P_j(k)B_{j-1}\right)D_{j-1}^{\mathrm{T}}
\end{aligned}
$$

接下来,就有

$$
\begin{aligned}
&\mathrm{tr}\left[R_j^{\mathrm{T}}(k+1)P_j(k)\right]\\
&= \mathrm{tr}\left[R_j^{\mathrm{T}}(k)P_j(k)\right] - \alpha(k)\mathrm{tr}\left[\left(A_j P_j(k)B_j + C_j P_{j+1}(k)D_j\right)^{\mathrm{T}} A_j P_j(k)B_j\right]\\
&\quad - \alpha(k)\mathrm{tr}\left[\left(A_{j-1}P_{j-1}(k)B_{j-1} + C_{j-1}P_j(k)D_{j-1}\right)^{\mathrm{T}} C_{j-1}P_j(k)D_{j-1}\right]
\end{aligned}
\tag{2.21}
$$

然后,对式 (2.21) 从 $j=0$ 到 $j=T-1$ 进行求和,有

$$
\begin{aligned}
&\sum_{j=0}^{T-1}\mathrm{tr}\left[R_j^{\mathrm{T}}(k+1)P_j(k)\right]\\
&= \sum_{j=0}^{T-1}\mathrm{tr}\left[R_j^{\mathrm{T}}(k)P_j(k)\right] - \alpha(k)\sum_{j=0}^{T-1}\mathrm{tr}\left[\left(A_j P_j(k)B_j + C_j P_{j+1}(k)D_j\right)^{\mathrm{T}} A_j P_j(k)B_j\right]\\
&\quad - \alpha(k)\sum_{j=0}^{T-1}\mathrm{tr}\left[\left(A_{j-1}P_{j-1}(k)B_{j-1} + C_{j-1}P_j(k)D_{j-1}\right)^{\mathrm{T}} C_{j-1}P_j(k)D_{j-1}\right]\\
&= \sum_{j=0}^{T-1}\mathrm{tr}\left[R_j^{\mathrm{T}}(k)P_j(k)\right] - \alpha(k)\sum_{j=0}^{T-1}\left\|A_j P_j(k)B_j + C_j P_{j+1}(k)D_j\right\|^2
\end{aligned}
$$

而根据算法 2.3 中 $\alpha(k)$ 的表示，容易得到

$$\sum_{j=0}^{T-1} \text{tr}\left[R_j^{\text{T}}(k+1)P_j(k) \right] = 0, \; k \geqslant 0$$

故引理 2.7 得证。

引理 2.8 对于算法 2.3 中所产生的矩阵序列 $\{R_j(k)\}$，$\{P_j(k)\}$，有如下关系成立：

$$\sum_{j=0}^{T-1} \text{tr}\left[R_j^{\text{T}}(k)P_j(k) \right] = -\sum_{j=0}^{T-1} \left\| R_j(k) \right\|^2, \; k \geqslant 0 \tag{2.22}$$

证明： 易知当 $k = 0$ 时式 (2.22) 自然成立。当 $k > 0$ 时，由算法 2.3 中 $P_j(k+1)$ 的表达，有如下等式成立：

$$\text{tr}\left[R_j^{\text{T}}(k+1)P_j(k+1) \right]$$

$$= -\left\| R_j(k+1) \right\|^2 + \frac{\sum_{j=0}^{T-1} \left\| R_j(k+1) \right\|^2}{\sum_{j=0}^{T-1} \left\| R_j(k) \right\|^2} \text{tr}\left[R_j^{\text{T}}(k+1)P_j(k) \right] \tag{2.23}$$

对从 $j = 0$ 到 $j = T-1$ 对式 (2.23) 进行求和，可得

$$\sum_{j=0}^{T-1} \text{tr}\left[R_j^{\text{T}}(k+1)P_j(k+1) \right]$$

$$= -\sum_{j=0}^{T-1} \left\| R_j(k+1) \right\|^2 + \frac{\sum_{j=0}^{T-1} \left\| R_j(k+1) \right\|^2}{\sum_{j=0}^{T-1} \left\| R_j(k) \right\|^2} \sum_{j=0}^{T-1} \text{tr}\left[R_j^{\text{T}}(k+1)P_j(k) \right]$$

而根据引理 2.7，有

$$\sum_{j=0}^{T-1} \text{tr}\left[R_j^{\text{T}}(k+1)P_j(k+1) \right] = -\sum_{j=0}^{T-1} \left\| R_j(k+1) \right\|^2$$

即引理 2.8 得证。

引理 2.9 对于算法 2.3 中所产生的矩阵序列 $\{R_j(k)\}$，$\{P_j(k)\}$，有如下关系成立：

$$\sum_{k>0} \frac{\left(\sum_{j=0}^{T-1} \left\| R_j(k) \right\|^2 \right)^2}{\sum_{j=0}^{T-1} \left\| P_j(k) \right\|^2} < \infty$$

证明：首先，定义如下符号：

$$
\pi=\left\|\begin{bmatrix} B_0^{\mathrm{T}} \otimes A_0 & D_0^{\mathrm{T}} \otimes C_0 & & & \\ & B_1^{\mathrm{T}} \otimes A_1 & D_1^{\mathrm{T}} \otimes C_1 & & \\ & & B_2^{\mathrm{T}} \otimes A_2 & \ddots & \\ & & & \ddots & D_{T-2}^{\mathrm{T}} \otimes C_{T-2} \\ D_{T-1}^{\mathrm{T}} \otimes C_{T-1} & & & & B_{T-1}^{\mathrm{T}} \otimes A_{T-1} \end{bmatrix}\right\|_2^2 \tag{2.24}
$$

利用克罗内克积原理及拉直算子，有如下推导：

$$
\sum_{j=0}^{T-1}\left\|A_j P_j(k) B_j + C_j P_{j+1}(k) D_j\right\|^2
$$

$$
=\sum_{j=0}^{T-1}\left\|\left(B_j^{\mathrm{T}} \otimes A_j\right)\mathrm{vec}\left(P_j(k)\right)+\left(D_j^{\mathrm{T}} \otimes C_j\right)\mathrm{vec}\left(P_{j+1}(k)\right)\right\|^2
$$

$$
=\left\|\begin{bmatrix} \left(B_0^{\mathrm{T}} \otimes A_0\right)\mathrm{vec}\left(P_0(k)\right)+\left(D_0^{\mathrm{T}} \otimes C_0\right)\mathrm{vec}\left(P_1(k)\right) \\ \left(B_1^{\mathrm{T}} \otimes A_1\right)\mathrm{vec}\left(P_1(k)\right)+\left(D_1^{\mathrm{T}} \otimes C_1\right)\mathrm{vec}\left(P_2(k)\right) \\ \vdots \\ \left(B_{T-1}^{\mathrm{T}} \otimes A_{T-1}\right)\mathrm{vec}\left(P_{T-1}(k)\right)+\left(D_{T-1}^{\mathrm{T}} \otimes C_{T-1}\right)\mathrm{vec}\left(P_0(k)\right) \end{bmatrix}\right\|^2
$$

$$
=\left\|\begin{bmatrix} B_0^{\mathrm{T}} \otimes A_0 & D_0^{\mathrm{T}} \otimes C_0 & & & \\ & B_1^{\mathrm{T}} \otimes A_1 & D_1^{\mathrm{T}} \otimes C_1 & & \\ & & B_2^{\mathrm{T}} \otimes A_2 & \ddots & \\ & & & \ddots & D_{T-2}^{\mathrm{T}} \otimes C_{T-2} \\ D_{T-1}^{\mathrm{T}} \otimes C_{T-1} & & & & B_{T-1}^{\mathrm{T}} \otimes A_{T-1} \end{bmatrix}\begin{bmatrix} \mathrm{vec}\left(P_0(k)\right) \\ \mathrm{vec}\left(P_1(k)\right) \\ \mathrm{vec}\left(P_2(k)\right) \\ \vdots \\ \mathrm{vec}\left(P_{T-1}(k)\right) \end{bmatrix}\right\|^2
$$

$$
\leqslant\left\|\begin{bmatrix} B_0^{\mathrm{T}} \otimes A_0 & D_0^{\mathrm{T}} \otimes C_0 & & & \\ & B_1^{\mathrm{T}} \otimes A_1 & D_1^{\mathrm{T}} \otimes C_1 & & \\ & & B_2^{\mathrm{T}} \otimes A_2 & \ddots & \\ & & & \ddots & D_{T-2}^{\mathrm{T}} \otimes C_{T-2} \\ D_{T-1}^{\mathrm{T}} \otimes C_{T-1} & & & & B_{T-1}^{\mathrm{T}} \otimes A_{T-1} \end{bmatrix}\right\|_2^2\left\|\begin{bmatrix} \mathrm{vec}\left(P_0(k)\right) \\ \mathrm{vec}\left(P_1(k)\right) \\ \mathrm{vec}\left(P_2(k)\right) \\ \vdots \\ \mathrm{vec}\left(P_{T-1}(k)\right) \end{bmatrix}\right\|^2
$$

$$
=\pi\sum_{j=0}^{T-1}\left\|P_j(k)\right\|^2
$$

也就是说，有如下关系成立：

$$\sum_{j=0}^{T-1}\left\|A_j P_j(k)B_j + C_j P_{j+1}(k)D_j\right\|^2 \leqslant \pi \sum_{j=0}^{T-1}\left\|P_j(k)\right\|^2 \tag{2.25}$$

再一次回顾算法 2.3 中 $\alpha(k)$ 及指标函数 J 的表示，当 $k \geqslant 0$，有如下推导成立：

$$
\begin{aligned}
J(k+1) &= \frac{1}{2}\sum_{j=0}^{T-1}\left\|E_j - A_j X_j(k+1)B_j - C_j X_{j+1}(k+1)D_j\right\|^2 \\
&= \frac{1}{2}\sum_{j=0}^{T-1}\left\|Q_j(k) - \alpha(k)\left[A_j P_j(k)B_j + C_j P_{j+1}(k)D_j\right]\right\|^2 \\
&= \frac{1}{2}\sum_{j=0}^{T-1}\left\|Q_j(k)\right\|^2 - \alpha(k)\sum_{j=0}^{T-1}\mathrm{tr}\left[Q_j^{\mathrm{T}}(k)\left(A_j P_j(k)B_j + C_j P_{j+1}(k)D_j\right)\right] \\
&\quad + \frac{1}{2}\alpha^2(k)\sum_{j=0}^{T-1}\left\|A_j P_j(k)B_j + C_j P_{j+1}(k)D_j\right\|^2 \\
&= J(k) - \alpha(k)\sum_{j=0}^{T-1}\mathrm{tr}\left[P_j^{\mathrm{T}}(k)A_j^{\mathrm{T}}Q_j(k)B_j^{\mathrm{T}} + P_j^{\mathrm{T}}(k)C_{j-1}^{\mathrm{T}}Q_{j-1}(k)D_{j-1}^{\mathrm{T}}\right] \\
&\quad + \frac{1}{2}\alpha(k)\sum_{j=0}^{T-1}\mathrm{tr}\left[P_j^{\mathrm{T}}(k)R_j(k)\right] \\
&= J(k) - \frac{1}{2}\alpha(k)\sum_{j=0}^{T-1}\mathrm{tr}\left[P_j^{\mathrm{T}}(k)R_j(k)\right]
\end{aligned}
$$

也就是说，有

$$
\begin{aligned}
&J(k+1) - J(k) \\
&= -\frac{1}{2}\frac{\left(\sum_{j=0}^{T-1}\mathrm{tr}\left[P_j^{\mathrm{T}}(k)R_j(k)\right]\right)^2}{\sum_{j=0}^{T-1}\left\|A_j P_j(k)B_j + C_j P_{j+1}(k)D_j\right\|^2} \\
&\leqslant 0
\end{aligned}
\tag{2.26}
$$

这就意味着 $\{J(k)\}$ 是一个单调递减序列，所以，对于所有的 $k \geqslant 0$，存在如下关系：

$$J(k+1) \leqslant J(0)$$

因为函数 J 是非负的，所以有

$$\sum_{k=0}^{\infty}\big(J(k)-J(k+1)\big)=J(0)-\lim_{k\to\infty}J(k)<\infty \qquad (2.27)$$

进一步地，结合式(2.25)与式(2.27)，可以得到

$$\sum_{k\geqslant 0}\frac{\left(\sum_{j=0}^{T-1}\left\|R_j(k)\right\|^2\right)^2}{\sum_{j=0}^{T-1}\left\|P_j(k)\right\|^2}=\sum_{k\geqslant 0}\frac{\left(\sum_{j=0}^{T-1}\operatorname{tr}\left[R_j^{\mathrm{T}}(k)P_j(k)\right]\right)^2}{\sum_{j=0}^{T-1}\left\|P_j(k)\right\|^2}$$

$$\leqslant \pi\sum_{k\geqslant 0}\frac{\left(\sum_{j=0}^{T-1}\operatorname{tr}\left[R_j^{\mathrm{T}}(k)P_j(k)\right]\right)^2}{\sum_{j=0}^{T-1}\left\|A_jP_j(k)B_j+C_jP_{j+1}(k)D_j\right\|^2}=2\pi\left(J(0)-\lim_{k\to\infty}J(k)\right)<\infty$$

综上所述，引理 2.9 得证。

经过以上三个引理的铺垫，可以得到如下结论：

定理 2.3　考虑广义周期 Sylvester 矩阵方程(2.18)，算法 2.3 中所产生的矩阵序列 $\{R_j(k)\}$，$j\in\overline{0,T-1}$ 满足如下关系：

$$\lim_{k\to\infty}\left\|R_j(k)\right\|=0$$

因此，由算法 2.3 所产生的解 $X_j(k)$，$j\in\overline{0,T-1}$ 即为广义周期 Sylvester 矩阵方程(2.18)的解。

证明：回顾引理 2.7，参照算法 2.3 中 $P_j(k+1)$ 的表达，有如下推导成立：

$$\sum_{j=0}^{T-1}\left\|P_j(k+1)\right\|^2=\sum_{j=0}^{T-1}\left\|-R_j(k+1)+\frac{\sum_{j=0}^{T-1}\left\|R_j(k+1)\right\|^2}{\sum_{j=0}^{T-1}\left\|R_j(k)\right\|^2}P_j(k)\right\|^2$$

$$=\left(\frac{\sum_{j=0}^{T-1}\left\|R_j(k+1)\right\|^2}{\sum_{j=0}^{T-1}\left\|R_j(k)\right\|^2}\right)^2\sum_{j=0}^{T-1}\left\|P_j(k)\right\|^2+\sum_{j=0}^{T-1}\left\|R_j(k+1)\right\|^2 \qquad (2.28)$$

令

$$t(k) = \frac{\sum_{j=0}^{T-1} \left\| P_j(k) \right\|^2}{\left(\sum_{j=0}^{T-1} \left\| R_j(k) \right\|^2 \right)^2}$$

则式 (2.28) 可以被等价地重新写为

$$t(k+1) = t(k) + \frac{1}{\sum_{j=0}^{T-1} \left\| R_j(k+1) \right\|^2} \qquad (2.29)$$

利用反证法，假设

$$\lim_{k \to \infty} \sum_{j=0}^{T-1} \left\| R_j(k) \right\|^2 \neq 0$$

则意味着存在一个正数 $\delta > 0$（无论它多么小），总存在一个正整数 K，使得当 $k \geqslant K$ 时，有

$$\sum_{j=0}^{T-1} \left\| R_j(k) \right\|^2 \geqslant \delta \qquad (2.30)$$

根据式 (2.29) 及式 (2.30)，可知

$$t(k+1) \leqslant t(0) + \frac{k+1}{\delta}$$

也就是说如下关系成立：

$$\frac{1}{t(k+1)} \geqslant \frac{\delta}{\delta t(0) + k + 1}$$

对上式两端进行求和，有

$$\sum_{k=1}^{\infty} \frac{1}{t(k)} \geqslant \sum_{k=1}^{\infty} \frac{\delta}{\delta t(0) + k + 1} = \infty$$

然而，根据引理 2.9，有

$$\sum_{k=1}^{\infty} \frac{1}{t(k)} < \infty$$

矛盾。于是，定理 2.3 得证。

　　下面给出一个数值算例，来验证所提算法的有效性。

例 2.2　考虑如下周期为 3 的广义周期 Sylvester 矩阵方程

$$A_j X_j B_j + C_j X_{j+1} D_j = E_j$$

其中，约束矩阵分别为

$$A_i = \begin{cases} \begin{bmatrix} 1 & -1 \\ 0 & 2 \end{bmatrix}, i = 0 \\[2mm] \begin{bmatrix} 2 & 1 \\ -1 & 5 \end{bmatrix}, i = 1 \\[2mm] \begin{bmatrix} 1 & 0 \\ 2 & -4 \end{bmatrix}, i = 2 \end{cases}, \quad B_i = \begin{cases} \begin{bmatrix} 3.2 & 0.6 \\ 2.6 & 1.4 \end{bmatrix}, i = 0 \\[2mm] \begin{bmatrix} 6.4 & 1.2 \\ 1.2 & 1.8 \end{bmatrix}, i = 1 \\[2mm] \begin{bmatrix} 8.6 & 2.1 \\ 1.6 & 4.2 \end{bmatrix}, i = 2 \end{cases}$$

$$C_i = \begin{cases} \begin{bmatrix} 3.5 & 1 \\ -2 & 0 \end{bmatrix}, i = 0 \\[2mm] \begin{bmatrix} 1 & -2 \\ 3 & 0 \end{bmatrix}, i = 1 \\[2mm] \begin{bmatrix} -3 & 0 \\ 1 & 2 \end{bmatrix}, i = 2 \end{cases}, \quad D_i = \begin{cases} \begin{bmatrix} 3 & 1 \\ 2 & 0 \end{bmatrix}, i = 0 \\[2mm] \begin{bmatrix} 1 & 1 \\ 0 & 2 \end{bmatrix}, i = 1 \\[2mm] \begin{bmatrix} 4 & 1 \\ -2 & 1 \end{bmatrix}, i = 2 \end{cases}, \quad E_i = \begin{cases} \begin{bmatrix} 3 & 5 \\ 7 & 3 \end{bmatrix}, i = 0 \\[2mm] \begin{bmatrix} 6 & 2 \\ 1 & 0 \end{bmatrix}, i = 1 \\[2mm] \begin{bmatrix} 4 & 7 \\ 2 & 1 \end{bmatrix}, i = 2 \end{cases}$$

则该方程的解为

$$X_i = \begin{cases} \begin{bmatrix} -7.1642 & 7.4300 \\ 4.9418 & -1.1567 \end{bmatrix}, i = 0 \\[2mm] \begin{bmatrix} -0.1543 & 4.8846 \\ 0.7824 & -7.7526 \end{bmatrix}, i = 1 \\[2mm] \begin{bmatrix} 9.1177 & 7.7221 \\ 4.2845 & 4.5478 \end{bmatrix}, i = 2 \end{cases}$$

设容许误差 ε 为 10^{-6}，初始值 $X_i = 10^{-6} \times I(2)$，$i = \overline{0,\ 2}$。其中 $I(2)$ 表示二阶单位矩阵。则将上列系数矩阵值带入本方法具体步骤可得该方程的最小二乘解为

$$X_i^* = \begin{cases} \begin{bmatrix} -7.16421 & 7.43003 \\ 4.94178 & -1.15671 \end{bmatrix}, i = 0 \\ \begin{bmatrix} -0.154415 & 4.88459 \\ 0.782365 & -7.75258 \end{bmatrix}, i = 1 \\ \begin{bmatrix} 9.11773 & 7.72214 \\ 4.28455 & 4.54782 \end{bmatrix}, i = 2 \end{cases}$$

可见本方法给出的广义周期 Sylvester 矩阵方程的解符合要求。另，定义残差

$$\delta = \lg \sum_{i=0}^{2} \left\| E_i - A_i X_i B_i - C_i X_{i+1} D_i \right\|$$

绘制残差图，其残差表现如图 2-2 所示。

从图中可以轻松得出，算法 2.3 可以快捷有效地解决本问题。同时注意到，当文献[45]中算法应用于本例时，结果在 10^5 次迭代后仍未收敛到理想解，故而从侧面印证了算法 2.3 的有效性。

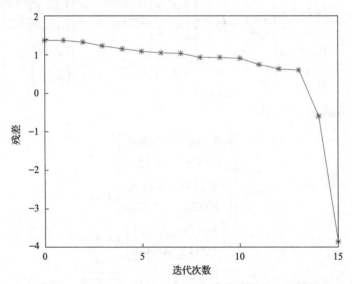

图 2-2 算法 2.3 应用于本例的残差

Figure 2-2 The residual of algorithm 2.3 applied to example 2.2

2.4　LDP 系统极点配置和观测器设计的迭代算法

2.4.1　周期状态反馈极点配置

考虑如下完全能达的线性离散周期系统：

$$q_{k+1} = A_k q_k + B_k u_k \tag{2.31}$$

其中，状态矩阵 $A_k \in \mathbb{R}^{n \times n}$ 和输入矩阵 $B_k \in \mathbb{R}^{n \times r}$ 都是以 T 为周期的矩阵。基于周期控制律

$$u_k = F_k q_k \tag{2.32}$$

闭环系统可被看作如下形式：

$$q_{k+1} = A_{c,k} q_k \tag{2.33}$$

其中，$F_k \in \mathbb{R}^{r \times n}$ 为以 T 为周期的控制增益，$A_{c,k}$ 表示 $A_k + B_k F_k$。则线性离散周期系统 (2.31) 在控制律 (2.32) 下的极点配置问题可以被归结为问题 2.1。

问题 2.1　考虑完全能达的线性离散周期系统 (2.31)，寻找周期状态反馈增益 $F_k \in \mathbb{R}^{r \times n}, k \in \overline{0, T-1}$，使得相应的闭环系统 (2.33) 的极点全部落在预设的极点集 $\Gamma = \{\lambda_1, \lambda_2, \cdots, \lambda_n\}$ 上，其中 Γ 关于实轴对称。

接下来，将首先提供一个全新的求解问题 2.1 算法，然后给出严格的数学推导来验证所提出算法的正确性。

算法 2.4　（LDP 系统的周期状态反馈极点配置）

1. 选择适当的以 K 为周期的矩阵 $\tilde{A}_k \in \mathbb{R}^{n \times n}$ 满足 $\Lambda\left(\Phi_{\tilde{A}_k}\right) = \Gamma$ 且 $\Lambda\left(\Phi_{\tilde{A}_k}\right) \bigcap \Lambda\left(\Phi_{A_k}\right) = 0$。进一步地，选择周期矩阵 $G_k \in \mathbb{R}^{r \times n}$ 使得周期矩阵对 $\left(\tilde{A}_k, G_k\right)$ 是完全能观的。

2. 设定容许误差 ε，选择初始矩阵 $X_j(0) \in \mathbb{R}^{n \times n}, j = 0, 1, \cdots, T-1$，计算

$$Q_k(0) = B_k G_{kj} + A_k X_k(0) + X_{k+1}(0)\tilde{A}_k$$
$$R_k(0) = -A_k^{\mathrm{T}} Q_k(0) + Q_{k-1}(0)\tilde{A}_{k-1}^{\mathrm{T}}$$
$$P_k(0) = -R_k(0)$$
$$j := 0$$

3. 当 $\left\|R_k(j)\right\| \geqslant \varepsilon$，$k \in \overline{0, T-1}$，计算

$$\alpha(j) = \frac{\sum_{k=0}^{T-1} \mathrm{tr}\left[P_k^{\mathrm{T}}(j) R_k(j)\right]}{\sum_{j=0}^{T-1}\left\|A_j P_j(j) + P_{j+1}(j) B_j\right\|^2}$$

$$X_k(j+1) = X_k(j) + \alpha(j) P_k(j)$$

$$Q_k(j+1) = B_k G_k + A_k X_k(j+1) - X_{k+1}(j+1) \tilde{A}_k$$

$$R_k(j+1) = -A_k^{\mathrm{T}} Q_k(j+1) + Q_{k-1}(j+1) \tilde{A}_{k-1}^{\mathrm{T}}$$

$$P_k(j+1) = -R_k(j+1) + \frac{\sum_{k=0}^{T-1}\left\|R_k(j+1)\right\|^2}{\sum_{k=0}^{T-1}\left\|R_k(j)\right\|^2} P_k(j)$$

$$j = j+1$$

4. 令 $X_k^* = X_k(j)$，计算周期状态反馈增益 F_k：

$$F_k = G_k\left(X_k^*\right)^{-1}, k \in \overline{0, T-1}$$

根据引理 2.1～2.3 和定理 2.1，我们可知：算法 2.4 所产生的周期解矩阵 X_k^* 是周期 Sylvester 矩阵方程

$$A_k X_k - X_{k+1} \tilde{A}_k + B_k G_k = 0 \tag{2.34}$$

的解。则我们有如下结论。

定理 2.4　考虑完全能达的线性离散周期系统 (2.31)，由算法 2.4 产生的以 T 为周期的矩阵 F_k 是其状态反馈极点配置问题的解。

证明：注意到线性离散周期系统 (2.31) 的极点就是其单值性矩阵 Φ_{A_k} 的极点。而根据算法 2.4，$\Phi_{\tilde{A}_k}$ 的几点集为 Γ。为了把闭环系统 (2.33) 的极点配置到 Γ，我们仅需要找到 n 阶可逆周期矩阵 X_k，$k \in \overline{0, T-1}$，使得如下关系成立：

$$X_{k+1}^{-1} A_{c,k} X_k = \tilde{A}_k \tag{2.35}$$

也就是

$$X_{k+1}^{-1}\left(A_k + B_k F_k\right) X_k = \tilde{A}_k \tag{2.36}$$

由于 X_k 为可逆矩阵, 则式 (4.6) 可化为

$$A_k X_k - X_{k+1} \tilde{A}_k + B_k F_k X_k = 0$$

其中, $k \in \overline{0, T-1}$。令

$$G_k = F_k X_k$$

则问题 2.1 就被转化为周期 Sylvester 矩阵方程

$$A_k X_k - X_{k+1} \tilde{A}_k + B_k G_k = 0$$

的求解问题。而算法 2.4 中第 2 步和第 3 步涉及了对该方程的求解, 其正确性已经在 2.2 节被证明了。通过求解解矩阵 X_k, 周期状态反馈增益可以被计算如下:

$$F_k = G_k X_k^{-1}, \quad k \in \overline{0, T-1} \tag{2.37}$$

这也就是说, 由算法 2.4 所得到的周期反馈增益 F_k 就是问题 2.1 的解, 定理 2.4 得证。

注释 2.5　注意到周期矩阵 $\tilde{A}_k$ 应满足 $\Lambda\left(\Phi_{\tilde{A}_k}\right) = \Gamma$, 这一要求的实现可以通过令 $\tilde{A}_0$ 为预配置系统的实约当标准型而 $\tilde{A}_k, k \in \overline{1, T-1}$ 均为相应维数的单位矩阵。

注释 2.6　如果系统 (2.31) 是完全能达的且 $\Lambda\left(\Phi_{\tilde{A}_k}\right) \bigcap \Lambda\left(\Phi_{A_k}\right) = 0$, 则 X_k 必定是可逆的。这就是为什么算法 2.4 要求 $\Lambda\left(\Phi_{\tilde{A}_k}\right) \bigcap \Lambda\left(\Phi_{A_k}\right) = 0$ 的原因。

例 2.3　考虑如下完全能观的线性离散周期系统:

$$q_{t+1} = A_t q_t + B_t u_t$$

其中

$$A_0 = \begin{bmatrix} 0 & e & 0 & 0 & 0 \\ 1 & 0 & 0 & 0 & 0 \\ 0 & 0 & e & 0 & 0 \\ 0 & 0 & 0 & e^{-1} & 0 \\ 0 & 0 & 0 & 0 & 1 \end{bmatrix}, \quad A_1 = \begin{bmatrix} 0 & 0 & 1 & 0 & 0 \\ 0 & 1 & 0 & 0 & 0 \\ 1 & 0 & e & 0 & 0 \\ 0 & 1-e^{-1} & 0 & e^{-1} & 0 \\ 0 & 0 & 0 & 0 & 1 \end{bmatrix},$$

$$B_0 = \begin{bmatrix} 1 & 0 \\ 0 & 1 \\ e^{-1} & 0 \\ 0 & 1-e^{-1} \\ 1 & 0 \end{bmatrix}, \quad B_1 = \begin{bmatrix} 1 & 0 \\ 0 & 1 \\ e^{-1} & 0 \\ 0 & 1 \\ 1 & 0 \end{bmatrix}$$

找到周期为 2 的控制律 $u_t = F_t q_t$，使得周期闭环系统的极点配置到 $\Gamma = \{0.5 \pm 0.5i, 0.7 \pm 0.7i, -0.6\}$。特殊地，令

$$G_t = \begin{bmatrix} e & 0 & 2 & 0 & 1 \\ 0.5 & -e^{-1} & 0 & 1 & 2 \end{bmatrix}, \quad t = 0, 1$$

和

$$\tilde{A}_t = \begin{cases} \begin{bmatrix} 0.5 & 0.5 & 0 & 0 & 0 \\ -0.5 & 0.5 & 0 & 0 & 0 \\ 0 & 0 & 0.7 & 0.7 & 0 \\ 0 & 0 & -0.7 & 0.7 & 0 \\ 0 & 0 & 0 & 0 & -0.6 \end{bmatrix}, & t = 0 \\[6em] \begin{bmatrix} 1 & 0 & 0 & 0 & 0 \\ 0 & 1 & 0 & 0 & 0 \\ 0 & 0 & 1 & 0 & 0 \\ 0 & 0 & 0 & 1 & 0 \\ 0 & 0 & 0 & 0 & 1 \end{bmatrix}, & t = 1 \end{cases}$$

则将数据带入算法 2.4，得到如下的周期为 2 的周期状态反馈增益：

$$F_t = \begin{cases} \begin{bmatrix} 2.8249 & -0.4278 & -2.6334 & 2.3210 & 0.4035 \\ 1.1033 & 0.2796 & -0.8349 & 1.4695 & 0.2045 \end{bmatrix}, & t = 0 \\[3em] \begin{bmatrix} -0.2648 & -1.0196 & -0.7015 & -0.2593 & -0.0573 \\ 1.0698 & -1.7859 & 1.4382 & -0.7656 & -0.2827 \end{bmatrix}, & t = 1 \end{cases}$$

可以验证，利用该增益，可以将闭环极点精确配置到预设的极点集。

2.4.2　LDP 系统的周期状态反馈鲁棒极点配置

在 2.4.1 节，我们给出了在有限步内得出线性离散周期系统状态反馈极点配置反馈增益的迭代算法，通过选择不同的参数矩阵 G_k，可以获得反馈增益不同的数值解。因此，通过给周期反馈增益 F_k 和转移矩阵 X_k，$k\in\overline{0,T-1}$ 添加不同的约束条件，自由参数矩阵 G_k 就可以被用来实现系统的鲁棒性能。一般地，小增益信号是鲁棒的。因为小增益意味着小的控制信号，这也就有利于减小噪声信号。与此同时，在极点配置意义上，配置完成的闭环系统的极点应对系统矩阵中的扰动尽可能地不敏感。因此，周期状态反馈鲁棒和最小范数极点配置问题可以被归纳如下问题 2.2。

问题 2.2　考虑完全能达的线性离散周期系统(2.31)，寻找周期状态反馈增益 $F_k\in\mathbb{R}^{r\times n}$，$k\in\overline{0,T-1}$，使得

1. 相应的闭环系统(2.33)的极点全部落在预设的极点集 $\varGamma=\{\lambda_1,\lambda_2,\cdots,\lambda_n\}$ 上，其中 $\varGamma$ 应关于实轴对称；

2. 周期反馈增益应尽可能地小且闭环极点应尽可能地对系统状态矩阵中的扰动不敏感。

为了解决问题 2.2，文献[9]中介绍了如下的指标函数：

$$J(G_k)=\gamma\sum_{k=0}^{T-1}\kappa_{\mathrm{F}}^2(X_k)+(1-\gamma)\sum_{k=0}^{T-1}\|F_k\|^2$$

其中，$0<\gamma<1$ 是一个权重因子。注意到，当 $\gamma=0$ 时，$J(G_k)$ 退化为纯最小范数性能指标；当 $\gamma=1$ 时，$J(G_k)$ 退化为纯鲁棒性能指标。显然，权重 γ 致使了两个问题的综合。文献[9]给出了指标函数 J 及其梯度的显式的解析表示。所以，很容易通过任何一种梯度搜索算法来使得 J 最小。因此，我们提出了如下的关于线性离散周期系统鲁棒和最小范数极点配置的迭代算法。

算法 2.5　（鲁棒极点配置算法）

1. 选择适当的以 K 为周期的矩阵 $\tilde{A}_k\in\mathbb{R}^{n\times n}$ 满足 $\varLambda(\varPhi_{\tilde{A}_k})=\varGamma$ 且 $\varLambda(\varPhi_{\tilde{A}_k})\bigcap\varLambda(\varPhi_{A_k})=0$。进一步，选择周期矩阵 $G_k\in\mathbb{R}^{r\times n}$ 使得周期矩阵对 $(\tilde{A}_k,G_k)$ 是完全能观的。

2. 设定容许误差 ε，选择初始矩阵 $X_j(0) \in \mathbb{R}^{n \times n}$，$j = 0, 1, \cdots, T-1$，计算

$$Q_k(0) = B_k G_{kj} + A_k X_k(0) - X_{k+1}(0) \tilde{A}_k$$

$$R_k(0) = -A_k^{\mathrm{T}} Q_k(0) + Q_{k-1}(0) \tilde{A}_{k-1}^{\mathrm{T}}$$

$$P_k(0) = -R_k(0)$$

$$j := 0$$

3. 当 $\|R_k(j)\| \geqslant \varepsilon$，$k \in \overline{0, T-1}$，计算

$$\alpha(j) = \frac{\sum_{k=0}^{T-1} \mathrm{tr}\left[P_k^{\mathrm{T}}(j) R_k(j) \right]}{\sum_{j=0}^{T-1} \left\| A_j P_j(k) + P_{j+1}(k) B_j \right\|^2}$$

$$X_k(j+1) = X_k(j) + \alpha(j) P_k(j)$$

$$Q_k(j+1) = B_k G_k + A_k X_k(j+1) - X_{k+1}(j+1) \tilde{A}_k$$

$$R_k(j+1) = -A_k^{\mathrm{T}} Q_k(j+1) + Q_{k-1}(j+1) \tilde{A}_{k-1}^{\mathrm{T}}$$

$$P_k(j+1) = -R_k(j+1) + \frac{\sum_{k=0}^{T-1} \left\| R_k(j+1) \right\|^2}{\sum_{k=0}^{T-1} \left\| R_k(j) \right\|^2} P_k(j)$$

$$j = j+1$$

4. 利用梯度搜索算法，选择合适的权重因子 γ，求解如下的优化问题：

$$\text{Minimize } J(G_k)$$

记优化决策矩阵为 $G_{\mathrm{opt},k}$。

5. 将 $G_{\mathrm{opt},k}$ 带入第 2～3 步，得到优化解 $X_{\mathrm{opt},k}(j)$。

6. 令 $X_{\mathrm{opt},k} = X_{\mathrm{opt},k}(j)$，计算鲁棒和最小范数周期状态反馈增益

$$F_{\mathrm{opt},k} = G_{\mathrm{opt},k} \left(X_{\mathrm{opt},k}^* \right)^{-1}, \quad k \in \overline{0, T-1}$$

例 2.4 此例来源为文献[1]。预配置的闭环极点集为 $\Gamma = \{0.5, \pm 0.6, \pm 0.7\}$。随机选取参数矩阵 G_k 为

$$G_k = \begin{bmatrix} 0.3 & 0.5 & 2.1 & 0 & 1.1 \\ 0.6 & 1.1 & 0.7 & 1.2 & 0.2 \end{bmatrix}, \quad t = 0, 1$$

利用算法 2.4 给出如下周期状态反馈增益：

$$F_{\text{rand},t} = \begin{cases} \begin{bmatrix} 1.0000 & -0.0000 & 0.0000 & 0.0000 & 0.0000 \\ 36.9007 & -19.7886 & 93.1374 & 19.1142 & -9.4571 \end{bmatrix}, t=0 \\ \begin{bmatrix} -0.0045 & 0.0419 & -1.3397 & -0.0351 & 0.0476 \\ -0.8356 & 0.1582 & 1.9971 & 0.4532 & -0.5408 \end{bmatrix}, t=1 \end{cases}$$

而利用算法 2.5，设 $\gamma = 0.5$，则得到如下周期状态反馈增益：

$$F_{\text{robu},t} = \begin{cases} \begin{bmatrix} 1.0000 & 0.0000 & 0.0000 & -0.0000 & -0.0000 \\ -0.0289 & -2.6601 & -0.0603 & 2.9199 & 0.0054 \end{bmatrix}, t=0 \\ \begin{bmatrix} -0.0332 & 0.0005 & -1.2358 & -0.0004 & 0.0200 \\ 0.0042 & -0.8145 & -0.0068 & 1.0742 & 0.0029 \end{bmatrix}, t=1 \end{cases}$$

设闭环系统矩阵中存在未知随机扰动 $\Delta_k \in \mathbb{R}^{n \times n}$，$k = 0,1$，满足 $\|\Delta\| = 1$，则受扰动的闭环系统可以被表示如下：

$$A_{c,k} + \mu \Delta_k, \quad k = 0,1$$

其中，$\mu > 0$ 为表示扰动等级的因子。根据文献[46]，量测相应闭环系统鲁棒性能的指标函数可以采用为

$$d_\mu(\Delta_k) = \max_{1 \leqslant i \leqslant 5} \left\{ \left| \lambda_i \left\{ \left(A_{c,1} + \mu \Delta_1 \right) \left(A_{c,0} + \mu \Delta_0 \right) \right\} \right| \right\}$$

其中，$\lambda_i\{A\}$ 表示矩阵 A 的第 i 个特征值。我们在 μ 等于 0.002、0.003 和 0.005 时分别做了 3000 次随机试验，相应于 F_{rand} 和 F_{robu} 的 $d_\mu(\Delta_k)$ 的最差值与平均值的结果如表 2-1 所示。同时，根据试验结果绘制极点图，如图 2-3 所示。其中左边为 F_{robu} 的试验结果，右边为 F_{rand} 的试验结果。

表 2-1　F_{rand} 和 F_{robu} 的试验结果比较

Table 2-1　Comparison of test results between F_{rand} 和 F_{robu}

μ	$\mu = 0.002$		$\mu = 0.003$		$\mu = 0.005$	
$d_\mu(\Delta_k)$	F_{robu}	F_{rand}	F_{robu}	F_{rand}	F_{robu}	F_{rand}
最差值	1.0237	3.3798	1.0197	4.7927	1.1561	10.9309
平均值	0.7262	1.3667	0.7244	1.5881	0.9022	2.5102

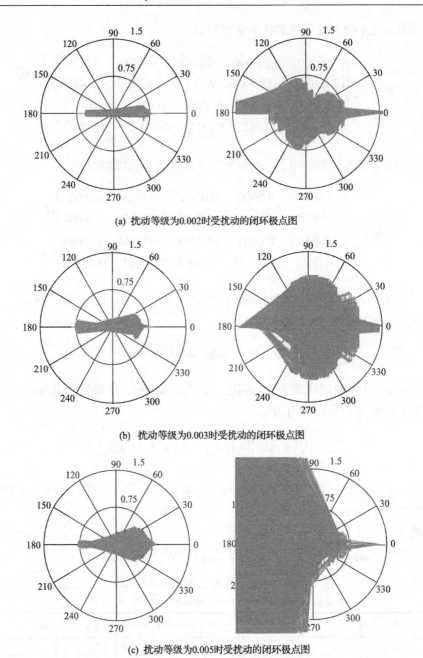

(a) 扰动等级为0.002时受扰动的闭环极点图

(b) 扰动等级为0.003时受扰动的闭环极点图

(c) 扰动等级为0.005时受扰动的闭环极点图

图 2-3　不同扰动等级下受扰动的闭环系统极点图

Figure 2-3　Perturbed eigenvalues of the close-loop system with different disturbance levels

从图中可以看出，在扰动存在的情况下，鲁棒反馈增益 F_{robu} 的表现总是要优于随机反馈增益 F_{rand}。

在最小范数意义下，我们利用算法 2.5 分别在 γ 等于 0、0.5 和 1 时计算周期鲁棒反馈增益并计算其范数 $\|F_0\|$，$\|F_1\|$ 和 $\|F\| = \sqrt{\|F_0\|^2 + \|F_1\|^2}$。结果如表 2-2 所示。

表 2-2　F_{robu} 的范数

Table 2-2　Norm of F_{robu}

r	$\|F_0\|$	$\|F_1\|$	$\|F\|$
0	2.2230	2.2549	3.1665
0.5	4.0751	1.8292	4.4668
1	4.0727	1.8289	4.4645

与此同时，可以注意到，$\|F_{\text{rand}}\| = \sqrt{\|F_{\text{rand},0}\|^2 + \|F_{\text{rand},1}\|^2} = 104.3582$，由此可见由算法 2.5 得到的控制器具有较小的范数，从而也具有较强的鲁棒性。

2.4.3　一阶线性周期系统的状态观测器设计

当由于实际条件限制，系统 (2.31) 的状态不能被精确测量但输入 u_t 和输出 y_t 可以被利用时，状态观测器就可以给出对系统 (2.31) 的状态 x_t 的渐进逼近。基于状态误差反馈的状态观测器是被应用最多的一种状态观测器，其可被表示如下：

$$\hat{x}_{t+1} = A_t\hat{x}_t + B_t u_t + L_t(y_t - \hat{y}_t) \tag{2.38}$$

其中，$\hat{x}_t \in \mathbb{R}^n$ 是观测器状态，$\hat{y}_t = C_t\hat{x}_t$ 是观测器输出及 $L_t \in \mathbb{R}^{n \times m}$ 是以 T 为周期的观测器增益。

显然，系统 (2.38) 与如下周期闭环系统是等价的：

$$\hat{x}_{t+1} = (A_t - L_t C_t)\hat{x}_t + B_t u_t + L_t y_t \tag{2.39}$$

其单值性矩阵为

$$\Phi_A = \tilde{A}_{T-1}\tilde{A}_{T-2}\cdots\tilde{A}_0$$

其中，$\tilde{A}_t = A_t - L_t C_t, t \in \overline{0, T-1}$。然后，一阶线性离散周期系统 (2.31) 的状态观测器设计问题就可以被阐述如下：

问题 2.3　考虑完全能观的一阶线性离散周期系统(2.31)，寻找周期矩阵 $L_t \in \mathbb{R}^{n \times m}$，$t \in \overline{0, T-1}$ 使得观测器系统(2.38)能够给出系统(2.31)状态 x_t 的渐进逼近。

首先要考虑的是该全维状态观测器的存在性条件。在这里，先给出一个简单的命题，其证明从略。

命题 2.1　对于完全能观的系统(2.31)，存在一个周期矩阵 $L_t \in \mathbb{R}^{n \times m}$，$t \in \overline{0, T-1}$ 使得问题 2.3 有解的充要条件是系统(2.39)的单值性矩阵 Φ_A 的特征值都落在单位开圆环之内。

令 $\Gamma = \{\lambda_1, \lambda_2, \cdots, \lambda_n, \lambda \in \mathbb{C}\}$ 为系统(2.39)的预设极点集，其关于实轴对称。令 $F_t \in \mathbb{R}^{n \times n}$ 为满足 $\Lambda(\Phi_F) = \Gamma$ 的以 T 为周期的周期矩阵。显然，$\Lambda(\Phi_F) = \Gamma$ 的充要条件就是存在一个以 T 为周期的可逆周期矩阵，使得

$$X_{t+1}^{-1} \tilde{A}_t X_t = F_t \tag{2.40}$$

由于矩阵转置不影响矩阵的特征值，式(2.40)可以被等价地写成

$$\tilde{A}_t^{\mathrm{T}} X_t = X_{t+1} F_t \tag{2.41}$$

将式(2.41)展开，可以得到

$$A_t^{\mathrm{T}} X_t - C_t^{\mathrm{T}} L_t^{\mathrm{T}} X_t = X_{t+1} F_t \tag{2.42}$$

这就是周期 Sylvester 矩阵方程的一个变形。也就是说，一阶线性离散周期系统状态观测器设计问题被转化成为了对周期 Sylvester 矩阵方程的求解问题。

当观测器系统收到外部环境扰动时，闭环系统矩阵将会偏离标称矩阵 $\tilde{A}_t$。一般地，该受扰动的系统可被表示如下：

$$A_t - L_t C_t \mapsto A_t + \Delta_{a,t} - L_t (C_t + \Delta_{c,t}), t \in \overline{0, T-1}$$

其中，$\Delta_{a,t} \in \mathbb{R}^{n \times n}$，$\Delta_{c,t} \in \mathbb{R}^{m \times n}$，$t \in \overline{0, T-1}$ 为随机小扰动。因此一阶线性离散周期系统(2.31)鲁棒观测器设计问题可以被描述如下：

问题 2.4　考虑完全能观的一阶线性离散周期系统(2.31)，寻找周期矩阵 $L_t \in \mathbb{R}^{n \times m}$，$t \in \overline{0, T-1}$ 使得如下条件成立：

1. 观测器系统(2.38)能够给出系统(2.31)状态 x_t 的渐进逼近；

2. 闭环观测器系统的特征值尽可能地对小信号不敏感。

基于本章提出的周期 Sylvester 矩阵方程的迭代算法，本节针对线性离散

周期系统的状态观测器设计问题给出了相应的算法。首先，对于如下指标函数

$$J = \frac{1}{2} \sum_{j=0}^{T-1} \left\| C_t^{\mathrm{T}} G_t - A_t^{\mathrm{T}} X_t - X_{t+1} \overline{F}_t \right\|^2 \qquad (2.43)$$

寻找周期矩阵 X_t^* 使得

$$\left. \frac{\partial J}{\partial X_t} \right|_{x_t = x_t^*} = 0$$

其中，G_t 为给定的自由参数矩阵，$\overline{F}_t = -F_t$。则寻找矩阵 L_t 的算法可由下面算法给出。

算法 2.6 （周期状态观测器设计）

1. 选择适当的以 T 为周期的矩阵 $F_t \in \mathbb{R}^{n \times n}$ 满足 $\Lambda(\Phi_F) = \Gamma$ 且 $\Lambda(\Phi_F) \bigcap \Lambda(\Phi_{A_k}) = 0$，进一步地，选择周期矩阵 $G_k \in \mathbb{R}^{r \times n}$ 使得周期矩阵对 $(\tilde{A}_k, G_k)$ 是完全能观的；

2. 设定容许误差 ε，选择初始矩阵 $X_t(0) \in \mathbb{R}^{n \times n}$，$t = \overline{0, T-1}$，计算

$$Q_t(0) = C_t^{\mathrm{T}} G_t + A_t^{\mathrm{T}} X_t(0) + X_{t+1}(0) \overline{F}_t$$
$$R_t(0) = A_t Q_t(0) + Q_{t-1}(0) \overline{F}_{t-1}^{\mathrm{T}}$$
$$P_t(0) = -R_t(0)$$
$$k := 0$$

3. 当 $\| R_t(k) \| \geqslant \varepsilon$　$k \in \overline{0, T-1}$，计算

$$\alpha(k) = \frac{\sum_{t=0}^{T-1} \mathrm{tr}\left[P_t^{\mathrm{T}}(k) R_t(k) \right]}{\sum_{t=0}^{T-1} \left\| A_t P_t(k) + P_{t+1}(k) \overline{F}_t \right\|^2}$$

$$X_t(k+1) = X_t(k) + \alpha(k) P_t(k)$$
$$Q_t(k+1) = C_t^{\mathrm{T}} G_t - A_t^{\mathrm{T}} X_t(k+1) - X_{t+1}(k+1) \overline{F}_t$$
$$R_t(k+1) = A_t Q_t(k+1) + Q_{t-1}(k+1) \overline{F}_{t-1}^{\mathrm{T}}$$
$$P_t(k+1) = -R_t(k+1) + \frac{\sum_{t=0}^{T-1} \left\| R_t(k+1) \right\|^2}{\sum_{t=0}^{T-1} \left\| R_t(k) \right\|^2} P_t(k)$$

$$k = k+1$$

4. 令 $X_t^* = X_t(k)$，计算周期状态观测器增益 L_t：

$$L_t = \left(G_t \left(X_t^* \right)^{-1} \right)^{\mathrm{T}}, \quad t \in \overline{0, T-1}$$

根据上述算法和之前的讨论，有如下结论，其证明从略。

定理 2.5　考虑完全能达的线性离散周期系统 (2.31)，算法 2.6 所产生的以 T 为周期的矩阵 L_t 是问题 2.3 的解。

对于线性离散周期系统的状态观测器设计，也需要考虑鲁棒性问题。我们沿用上一节的思想，引入了下述鲁棒性指标：

$$J(G) = \beta \sum_{t=0}^{T-1} \| L_t \|_{\mathrm{F}}^2 + (1-\beta) \kappa_{\mathrm{F}}(X_0) \sum_{t=0}^{T-1} \| A_t - L_t C_t \|_{\mathrm{F}}^{T-1}$$

其中，$0 \leqslant \beta \leqslant 1$ 为权重因子。可下面给出鲁棒观测器设计算法：

算法 2.7　（鲁棒和最小范数观测器设计）

1. 选择适当的以 T 为周期的矩阵 $F_t \in \mathbb{R}^{n \times n}$ 满足 $\Lambda(\Phi_F) = \Gamma$ 且 $\Lambda(\Phi_F) \bigcap \Lambda(\Phi_{A_k}) = 0$，进一步地，选择周期矩阵 $G_k \in \mathbb{R}^{r \times n}$ 使得周期矩阵对 $(\tilde{A}_k, G_k)$ 是完全能观的；

2. 设定容许误差 ε，选择初始矩阵 $X_t(0) \in \mathbb{R}^{n \times n}$, $t = \overline{0, T-1}$，计算

$$Q_t(0) = C_t^{\mathrm{T}} G_t + A_t^{\mathrm{T}} X_t(0) + X_{t+1}(0) \overline{F}_t$$
$$R_t(0) = A_t Q_t(0) + Q_{t-1}(0) \overline{F}_{t-1}^{\mathrm{T}}$$
$$P_t(0) = -R_t(0)$$
$$k := 0$$

3. 当 $\| R_t(k) \| \geqslant \varepsilon$, $k \in \overline{0, T-1}$，计算

$$\alpha(k) = \frac{\sum_{t=0}^{T-1} \mathrm{tr}\left[P_t^{\mathrm{T}}(k) R_t(k) \right]}{\sum_{t=0}^{T-1} \left\| A_t P_t(k) + P_{t+1}(k) \overline{F}_t \right\|^2}$$
$$X_t(k+1) = X_t(k) + \alpha(k) P_t(k)$$
$$Q_t(k+1) = C_t^{\mathrm{T}} G_t - A_t^{\mathrm{T}} X_t(k+1) - X_{t+1}(k+1) \overline{F}_t$$

$$R_t(k+1) = A_t Q_t(k+1) + Q_{t-1}(k+1)\bar{F}_{t-1}^{\mathrm{T}}$$

$$P_t(k+1) = -R_t(k+1) + \frac{\sum_{t=0}^{T-1} \|R_t(k+1)\|^2}{\sum_{t=0}^{T-1} \|R_t(k)\|^2} P_t(k)$$

$$k = k+1$$

4. 利用梯度搜索算法，选择适当的权重因子 β，求解如下优化问题

$$\text{Minimize } J(G_t)$$

并记优化决策矩阵为 $G_{\mathrm{opt},t}$；

5. 将 $G_{\mathrm{opt},t}$ 带入第 2~3 步，得到优化解 $X_{\mathrm{opt},t}(k)$；

6. 令 $X_{\mathrm{opt},t}^* = X_{\mathrm{opt},t}(k)$，计算周期状态观测器增益 $L_{\mathrm{opt},t}$：

$$L_{\mathrm{opt},t} = \left(G_{\mathrm{opt},t} \left(X_{\mathrm{opt},t}^* \right)^{-1} \right)^{\mathrm{T}}, \quad t \in \overline{0, T-1}$$

例 2.5　考虑具有如下参数的完全能观的线性离散周期系统 (2.31)：

$$A_t = \begin{cases} \begin{bmatrix} -4.5 & -1 & 2 \\ 2.5 & 0.5 & 1 \\ 0.2 & 0.4 & 0.1 \end{bmatrix}, t = 3k \\[20pt] \begin{bmatrix} 0 & 1 & 0.5 \\ 1 & 2 & 1.2 \\ 1.2 & 0 & 1 \end{bmatrix}, t = 3k+1, \quad B_t = \begin{bmatrix} 1 & 1 & 1 \end{bmatrix}^{\mathrm{T}}, \quad C_t = \begin{cases} \begin{bmatrix} 2 & 0.5 & 1 \end{bmatrix}, t = 3k \\ \begin{bmatrix} -1 & 0.3 & 1 \end{bmatrix}, t = 3k+1 \\ \begin{bmatrix} 0 & 3 & 1 \end{bmatrix}, t = 3k+2 \end{cases} \\[20pt] \begin{bmatrix} 0 & 2 & 1 \\ 1 & 1 & 0 \\ 0 & 0.1 & 0.3 \end{bmatrix}, t = 3k+2 \end{cases}$$

其中，$k = 0, 1, 2, \cdots$。令观测器的极点为 $\Gamma = \{-0.1 \pm 0.1\mathrm{i}, -0.1\}$，并随机设自由参数 $G_t = \begin{bmatrix} 1.5 & 1 & -1.5 \end{bmatrix}$。将这些数据带入算法 2.6，则得出如下一组周期观测器增益：

$$L_t^{\mathrm{rand}} = \begin{cases} \begin{bmatrix} -1.9047 & 1.2999 & 0.3712 \end{bmatrix}^{\mathrm{T}}, t = 3k \\ \begin{bmatrix} 3.4261 & 6.7995 & -0.0732 \end{bmatrix}^{\mathrm{T}}, t = 3k+1 \\ \begin{bmatrix} 0.7874 & -7.2746 & 0.2120 \end{bmatrix}^{\mathrm{T}}, t = 3k+2 \end{cases}$$

令 $\beta = 0.5$，并利用算法 2.7 求解优化观测器增益，得到

$$L_t^{\text{robu}} = \begin{cases} \begin{bmatrix} -2.2170 & 1.1513 & 0.3406 \end{bmatrix}^{\text{T}}, & t = 3k \\ \begin{bmatrix} 0.1512 & 0.1517 & -0.1218 \end{bmatrix}^{\text{T}}, & t = 3k+1 \\ \begin{bmatrix} 0.6359 & -0.2399 & 0.0857 \end{bmatrix}^{\text{T}}, & t = 3k+2 \end{cases}$$

从最小范数意义考虑，分别对 L_t^{rand} 和 L_t^{robu} 计算 $\|L\| = \sqrt{\sum_{t=0}^{3} \|L_t\|_{\text{F}}^2}$ ，可以得到 $\|L^{\text{rand}}\| = 10.8174$ ，而 $\|L^{\text{robu}}\| = 2.6242$ 。这也就是说算法 2.7 对观测器增益的最小范数处理是有效的。

令周期闭环系统矩阵受到随机干扰 $\varDelta_t^A \in \mathbb{R}^{3 \times 3}$ 和 $\varDelta_t^C \in \mathbb{R}^{3 \times 1}$ ，其满足 $\|\varDelta_t^A\| = 1$ ， $\|\varDelta_t^C\| = 1$ ， $t = 0, 1, \cdots$ 。则受扰动的闭环系统可以被表示为

$$A_t + \mu \varDelta_t^A - L_t \left(C_t + \mu \varDelta_t^C \right), \quad t = 0, 1, \cdots$$

其中， $\mu > 0$ 是表示扰动登记的因子。令离散参考输入为 $v_t = 0.1 \sin\left(t + \frac{\pi}{2}\right)$ ，误差为 $e_t = \hat{x}_t - x_t$ 。则分别对应于 L_t^{rand} 和 L_t^{robu} 的状态相应误差曲线结果由图 2-4 表示。通过比较可以发现，鲁棒观测器增益 L_t^{robu} 的表现要比随机增益 L_t^{rand} 的要好。

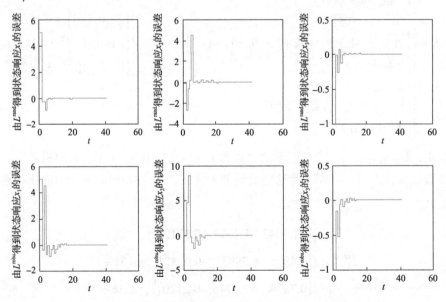

图 2-4　分别对应于 L_t^{rand} 和 L_t^{robu} 的状态相应误差曲线

Figure 2-4　State response error trajectory respectively corresponding to L_t^{rand} and L_t^{robu}

2.5　航天器交会对接控制

2.5.1　引言

在本节，我们将本章所提出的周期极点配置算法应用于航天器的交会对接控制。首先给出航天器交会对接系统的数学模型，将其整理成标准的状态空间表达式，对连续系统模型进行离散化处理，然后采用本章所提的周期极点配置算法，设计周期状态反馈控制律，进一步利用该控制律，采用零阶保持，代入原连续系统，对闭环系统的状态历史轨迹进行了仿真，取得了满意的效果。

2.5.2　系统模型

如图 2-5 所示，设目标飞行器位于一个半径为 R 的地球同步圆轨道，角速度为 ω。记从目标飞行器到追踪飞行器的向量为 r。令 x, y, z 分别代表目标航天器和追踪航天器在三个坐标方向上的相对位置。$\dot{x}, \dot{y}, \dot{z}$ 分别代表目标航天器和追踪航天器在三个坐标方向上的相对速度。a_x, a_y, a_z 分别代表施加在追踪航天器上的推力在三个坐标轴上所产生的加速度向量。根据牛顿方程，目标航天器和追踪航天器的相对运动可以线性化为如下方程：

$$\begin{cases} \ddot{x} = 2\omega\dot{y} + 3\omega^2 x + a_x \\ \ddot{y} = -2\omega\dot{x} + a_y \\ \ddot{z} = -\omega^2 z + a_z \end{cases}$$

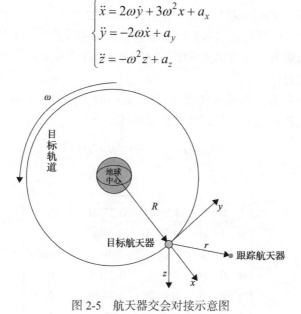

图 2-5　航天器交会对接示意图

Figure 2-5　Rendezvous and docking of spacecraft

进一步，选择状态向量 $X = \begin{bmatrix} x & y & z & \dot{x} & \dot{y} & \dot{z} \end{bmatrix}^{\mathrm{T}}$，$U = \begin{bmatrix} a_x & a_y & a_z \end{bmatrix}^{\mathrm{T}}$ 上述方程可以重新表示为

$$\dot{X}(t) = AX(t) + BU(t)$$

其中

$$A = \begin{bmatrix} 0 & 0 & 0 & 1 & 0 & 0 \\ 0 & 0 & 0 & 0 & 1 & 0 \\ 0 & 0 & 0 & 0 & 0 & 1 \\ 3\omega^2 & 0 & 0 & 0 & 2\omega & 0 \\ 0 & 0 & 0 & -2\omega & 0 & 0 \\ 0 & 0 & -\omega^2 & 0 & 0 & 0 \end{bmatrix}, \quad B = \begin{bmatrix} 0 & 0 & 0 \\ 0 & 0 & 0 \\ 0 & 0 & 0 \\ 1 & 0 & 0 \\ 0 & 1 & 0 \\ 0 & 0 & 1 \end{bmatrix}$$

航天器的交会过程可以描述成状态向量 X 从初始状态 $X(t_0)$ 到终态 $X(t_f)=0$ 的转移，其中 t_f 是交会时间。

2.5.3　仿真结果

假设目标航天器位于一个半径为 $R=42241\text{km}$ 的对地同步轨道，轨道周期是 24h，这样，轨道角速率可以计算出 $\omega = 7.2722 \times 10^{-5}\,\text{rad/s}$。简单的计算可知，该系统处于临界稳定状态，任何小的扰动都能导致系统不稳定。为此，欲设计一个周期为 3 的切换控制律 $U(t) = K(t)x(t)$，其中 $K(t+3) = K(t)$，使得闭环系统稳定。

首先将原有的连续系统离散化（此处选择的采样角频率 $\omega_c = 1200\omega$，也即，采样周期 $T_s = 72\,\text{s}$），得到线性离散系统如下

$$X(t+1) = A_d X(t) + B_d U(t)$$

其中

$$A_d = \begin{bmatrix} 1 & 0 & 0 & 71.9997 & 0.3770 & 0 \\ 0 & 1 & 0 & -0.3770 & 71.9987 & 0 \\ 0 & 0 & 1 & 0 & 0 & 71.9997 \\ 0 & 0 & 0 & 1 & 0.0105 & 0 \\ 0 & 0 & 0 & -0.0105 & 0.9999 & 0 \\ 0 & 0 & 0 & 0 & 0 & 1 \end{bmatrix}$$

$$B_d = 10^3 * \begin{bmatrix} 2.5920 & 0.0090 & 0 \\ -0.0090 & 2.5920 & 0 \\ 0 & 0 & 2.5920 \\ 0.0720 & 0.0004 & 0 \\ -0.0004 & 0.0720 & 0 \\ 0 & 0 & 0.0720 \end{bmatrix}$$

令欲配置的极点集合为 $\{0.5 \pm 0.4i, 0.1 \pm 0.1i, 0.2 \pm 0.3i\}$，随机选择自由参数矩阵

$$G = \begin{bmatrix} -1 & 2 & 5 & 0.2 & 3 & 1 \\ -2 & 3 & 4 & -1 & 0.5 & 0.3 \\ 1 & 2 & 1 & 0.6 & 0.1 & 0.2 \end{bmatrix}$$

利用上一节提出的极点配置算法，解得控制器为

$$K(1) = \begin{bmatrix} 7.6532 & -3.8384 & -7.7160 & 1.7782 \times 10^{-2} & -1344.0 & 93.590 \\ 0.92809 & 1.8960 & -3.1109 & 208.64 & 292.33 & 343.84 \\ -0.48249 & 0.56609 & 2.9714 & 13.581 & -98.855 & 893.81 \end{bmatrix} \times 10^{-5}$$

$$K(2) = \begin{bmatrix} 1.8065 & -21.106 & -2.3684 & 685.76 & -210 & -193.26 \\ 15.438 & 1.1932 & -1.4618 & 41.513 & 402.43 & -71.372 \\ -0.16050 & 0.25428 & 1.0706 & -11.964 & 3.7706 & 504.78 \end{bmatrix} \times 10^{-5}$$

$$K(3) = \begin{bmatrix} 3.2090 & -0.85464 & -3.9339 & 978.57 & -470.03 & -139.26 \\ 0.33118 & 1.5712 & -2.1468 & 82.256 & 409.51 & 28.834 \\ -0.26507 & 0.37941 & 1.6508 & -7.7503 & -20.998 & 644.57 \end{bmatrix} \times 10^{-5}$$

利用这组控制器，采用零阶保持器，对上述航天器交会对接连续控制系统进行仿真，分别得到追踪航天器与目标航天器的相对距离和相对速度的图像如图 2-6 所示。从仿真结果来看，该控制器设计方法非常有效。而且在该方法中，切换的控制器数目和欲配置的极点可以根据需要任意选择。

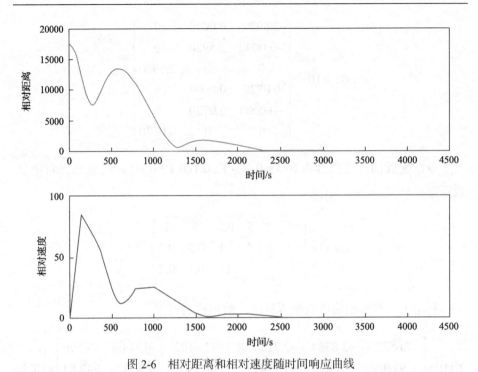

图 2-6 相对距离和相对速度随时间响应曲线

Figure 2-6 The response history of relative distance and relative rapid

2.6 本 章 小 结

本章讨论了普通周期 Sylvester 矩阵方程的求解问题。基于共轭梯度方法，设计了有限迭代算法。通过执行这些算法，可以从任意初始条件出发，在有限步内收敛到所考虑的矩阵方程的精确解。并通过严格的数学推导，证明了这些算法的收敛性。通过数值仿真实验，和其他算法进行对比，得到良好的效果。进一步，将迭代算法应用到 LDP 系统的周期状态反馈极点配置和鲁棒观测器设计，同样取得了良好的效果。最后，本章还研究了航天器交会对接控制问题，利用本章所提出的极点配置算法，设计了相应的控制器，并进行了仿真验证。

第3章 广义周期耦合 Sylvester
矩阵方程的有限迭代解

3.1 引　言

具有如下形式的周期耦合 Sylvester 矩阵方程：

$$\begin{cases} A_{1,j}X_j + Y_jB_{1,j} = C_{1,j} \\ A_{2,j}X_{j+1} + Y_jB_{2,j} = C_{2,j} \end{cases} \tag{3.1}$$

其中，$j \in \mathbb{Z}^+$，在周期离散广义系统的分析中具有重要的作用[7,55]。根据文献[7]所描述的，周期离散广义系统的能达性和能观性 Gramian 矩阵满足一些投影离散周期 Lyapunov 方程(projected generalized discrete-time periodic Lyapunov equations, GDPLEs)，并可以求出数值解。然而，该文中的数值算法(例如求解周期耦合 Sylvester 矩阵方程)需要被进一步地研究。文献[55]中指出周期耦合 Sylvester 矩阵方程(3.1)的研究是周期广义系统最小实现中不可缺少的一部分，但是，该文中所提出的算法并没有达到数值稳定。

在本章中，我们将重点讨论具有如下形式的周期为 T 的广义周期耦合 Sylvester 矩阵方程的求解：

$$ {}^1A_{i,j}\,{}^1X_{j+i-1}\,{}^1B_{i,j} + {}^2A_{i,j}\,{}^2X_j\,{}^2B_{i,j} + \cdots + {}^pA_{i,j}\,{}^pX_j\,{}^pB_{i,j} = E_{i,j} \tag{3.2}$$

其中，$i \in \overline{1,N}$，$j \in \mathbb{Z}^+$，$1 < N < T$ 为约束方程的个数，系数矩阵 ${}^hA_{i,j} \in \mathbb{R}^{m_{i,j} \times r_j}$，${}^hB_{i,j} \in \mathbb{R}^{s_j \times n_{i,j}}$，$E_{i,j} \in \mathbb{R}^{m_{i,j} \times n_{i,j}}$ 及待定解矩阵 ${}^hX_j \in \mathbb{R}^{r_j \times s_j}$ 均为周期矩阵，$1 < h < p$ 为待定解矩阵的数量。到目前为止，关于求解广义周期耦合 Sylvester 矩阵方程(3.2)的研究在现存文献中还没有成熟的结论。显然，式(3.2)是一个更一般的周期耦合 Sylvester 矩阵方程，包含多个变型，例如所谓的周期耦合 Sylvester 矩阵方程(3.1)。在本章中，首先讨论了方程(3.2)的可解性条件，然后基于共轭梯度法给出了当 $p = 2$ 时关于该方程的迭代算法，并据此将所提出的算法推广到了当 $p > 2$ 时的情况，给出了更具一般性的迭代算法。需要指出的是，在本章所给出的方法中，并不需要让待定矩阵之间的维数相同。

3.2　解的存在性条件

在本节中，研究广义周期耦合 Sylvester 矩阵方程可解性问题。利用循环提升技术，目标方程可以被重构为如下形式的时不变耦合 Sylvester 矩阵方程：

$$ {}^1A_i^{\mathrm{L}1}X^{\mathrm{L}1}B_i^{\mathrm{L}} +^2 A_i^{\mathrm{L}2}X^{\mathrm{L}2}B_i^{\mathrm{L}} + \cdots {}^pA_i^{\mathrm{L}p}X^{\mathrm{L}p}B_i^{\mathrm{L}} = E_i^{\mathrm{L}} \tag{3.3}$$

其中，$i \in \overline{1, N}$。该方程的系数矩阵结构如下：

$$ {}^1A_i^{\mathrm{L}} = \begin{bmatrix} & \operatorname{diag}\left\{{}^1A_{i,0}, {}^1A_{i,1}, \cdots, {}^1A_{i,T-i}\right\} \\ \operatorname{diag}\left\{{}^1A_{i,T-i+1}, \cdots, {}^1A_{i,T-1}\right\} & \end{bmatrix} \in \mathbb{R}^{Tm_{i,j} \times T{}^h r_j} \tag{3.4}$$

$$ {}^1B_i^{\mathrm{L}} = \begin{bmatrix} & \operatorname{diag}\left\{{}^1B_{i,T-i+1}, \cdots, {}^1B_{i,T-1}\right\} \\ \operatorname{diag}\left\{{}^1B_{i,0}, {}^1B_{i,1}, \cdots, {}^1B_{i,T-i}\right\} & \end{bmatrix} \in \mathbb{R}^{T{}^h s_j \times Tn_{i,j}} \tag{3.5}$$

$$ {}^hA_i^{\mathrm{L}} = \operatorname{diag}\left\{{}^hA_{i,0}, {}^hA_{i,1}, \cdots, {}^hA_{i,T-1}\right\} \in \mathbb{R}^{Tm_{i,j} \times T{}^h r_j}, \ 1 < h \leqslant p \tag{3.6}$$

$$ {}^hB_i^{\mathrm{L}} = \operatorname{diag}\left\{{}^hB_{i,0}, {}^hB_{i,1}, \cdots, {}^hB_{i,T-1}\right\} \in \mathbb{R}^{T{}^h s_j \times Tn_{i,j}}, \ 1 < h \leqslant p \tag{3.7}$$

$$ E_i^{\mathrm{L}} = \operatorname{diag}\left\{E_{i,0}, E_{i,1}, \cdots, E_{i,T-1}\right\} \in \mathbb{R}^{Tm_{i,j} \times Tn_{i,j}} \tag{3.8}$$

其解矩阵结构为

$$ {}^hX^{\mathrm{L}} = \operatorname{diag}\left\{{}^hX_0, {}^hX_1, \cdots, {}^hX_{T-1}\right\} \in \mathbb{R}^{T{}^h r_j \times T{}^h s_j}, \ 1 < h \leqslant p $$

则广义周期耦合 Sylvester 矩阵方程可解的一个充要条件可以被刻画如下定理 3.1。

定理 3.1　形如式 (3.2) 的广义周期耦合 Sylvester 矩阵方程有解当且仅当其周期系数矩阵 ${}^hA_{i,j} \in \mathbb{R}^{m_{i,j} \times {}^h r_j}$，${}^hB_{i,j} \in \mathbb{R}^{{}^h s_j \times n_{i,j}}$，$E_{i,j} \in \mathbb{R}^{m_{i,j} \times n_{i,j}}$ 满足

$$
\mathrm{rank}\begin{bmatrix} {}^1B_1^{\mathrm{LT}}\otimes {}^1A_1^{\mathrm{L}} & \cdots & {}^pB_1^{\mathrm{LT}}\otimes {}^pA_1^{\mathrm{L}} \\ \vdots & \ddots & \vdots \\ {}^1B_N^{\mathrm{LT}}\otimes {}^1A_N^{\mathrm{L}} & \cdots & {}^pB_N^{\mathrm{LT}}\otimes {}^pA_N^{\mathrm{L}} \end{bmatrix}=\mathrm{rank}\begin{bmatrix} {}^1B_1^{\mathrm{LT}}\otimes {}^1A_1^{\mathrm{L}} & \cdots & {}^pB_1^{\mathrm{LT}}\otimes {}^pA_1^{\mathrm{L}}\,E_1^{\mathrm{L}} \\ \vdots & \ddots & \vdots & \vdots \\ {}^1B_N^{\mathrm{LT}}\otimes {}^1A_N^{\mathrm{L}} & \cdots & {}^pB_N^{\mathrm{LT}}\otimes {}^pA_N^{\mathrm{L}}\,E_N^{\mathrm{L}} \end{bmatrix}
$$

其中，${}^hA_i^{\mathrm{L}}$，${}^hB_i^{\mathrm{L}}$，${}^hE_i^{\mathrm{L}}$ 的构造如式(3.4)～(3.8)所示，$i\in\overline{1,N}$，$1<N<T$ 为约束方程的个数，$j\in\overline{0,T-1}$，h 为待定解矩阵的个数。

证明：利用克罗内克积原理以及运用拉直算子，耦合矩阵方程(3.3)等价于：

$$
\left({}^1B_i^{\mathrm{LT}}\otimes {}^1A_i^{\mathrm{L}}\right)\mathrm{vec}\left({}^1X^{\mathrm{L}}\right)+\cdots+\left({}^pB_i^{\mathrm{LT}}\otimes {}^pA_i^{\mathrm{L}}\right)\mathrm{vec}\left({}^pX^{\mathrm{L}}\right)=\mathrm{vec}\left(E_i^{\mathrm{L}}\right)
$$

$$
\Leftrightarrow\begin{bmatrix} {}^1B_1^{\mathrm{LT}}\otimes {}^1A_1^{\mathrm{L}} & \cdots & {}^pB_1^{\mathrm{LT}}\otimes {}^pA_1^{\mathrm{L}} \\ \vdots & \ddots & \vdots \\ {}^1B_N^{\mathrm{LT}}\otimes {}^1A_N^{\mathrm{L}} & \cdots & {}^pB_N^{\mathrm{LT}}\otimes {}^pA_N^{\mathrm{L}} \end{bmatrix}\begin{bmatrix} \mathrm{vec}\left({}^1X^{\mathrm{L}}\right) \\ \vdots \\ \mathrm{vec}\left({}^pX^{\mathrm{L}}\right) \end{bmatrix}=\begin{bmatrix} \mathrm{vec}\left(E_1^{\mathrm{L}}\right) \\ \vdots \\ \mathrm{vec}\left(E_N^{\mathrm{L}}\right) \end{bmatrix}
$$

这显然是线性方程 $Ax=b$ 的一个变型，而线性方程 $Ax=b$ 有解的充要条件为如下关系成立：

$$
\mathrm{rank}\begin{pmatrix} A & b \end{pmatrix}=\mathrm{rank}\begin{pmatrix} A \end{pmatrix}
$$

相似地，广义周期耦合 Sylvester 矩阵方程(3.2)有解的充要条件就是其周期系数矩阵 ${}^hA_{i,j}\in\mathbb{R}^{m_{i,j}\times r_j}$，${}^hB_{i,j}\in\mathbb{R}^{{}^hs_j\times n_{i,j}}$，$E_{i,j}\in\mathbb{R}^{m_{i,j}\times n_{i,j}}$ 满足

$$
\mathrm{rank}\begin{bmatrix} {}^1B_1^{\mathrm{LT}}\otimes {}^1A_1^{\mathrm{L}} & \cdots & {}^pB_1^{\mathrm{LT}}\otimes {}^pA_1^{\mathrm{L}} \\ \vdots & \ddots & \vdots \\ {}^1B_N^{\mathrm{LT}}\otimes {}^1A_N^{\mathrm{L}} & \cdots & {}^pB_N^{\mathrm{LT}}\otimes {}^pA_N^{\mathrm{L}} \end{bmatrix}=\mathrm{rank}\begin{bmatrix} {}^1B_1^{\mathrm{LT}}\otimes {}^1A_1^{\mathrm{L}} & \cdots & {}^pB_1^{\mathrm{LT}}\otimes {}^pA_1^{\mathrm{L}}\,E_1^{\mathrm{L}} \\ \vdots & \ddots & \vdots & \vdots \\ {}^1B_N^{\mathrm{LT}}\otimes {}^1A_N^{\mathrm{L}} & \cdots & {}^pB_N^{\mathrm{LT}}\otimes {}^pA_N^{\mathrm{L}}\,E_N^{\mathrm{L}} \end{bmatrix}
$$

因此，定理 3.1 得证。

3.3　广义周期耦合 Sylvester 矩阵方程的求解

3.3.1　两个 Sylvester 矩阵方程耦合的情形

在这一节，主要考虑如下的广义周期耦合 Sylvester 矩阵方程：

$$\begin{cases} A_{1,j}X_jB_{1,j} + C_{1,j}Y_jD_{1,j} = E_{1,j} \\ A_{2,j}X_{j+1}B_{2,j} + C_{2,j}Y_jD_{2,j} = E_{2,j} \end{cases} \tag{3.9}$$

其中，给定的系数矩阵 $A_{i,j} \in \mathbb{R}^{m_{i,j} \times r_j}$，$B_{i,j} \in \mathbb{R}^{s_j \times n_{i,j}}$，$C_{i,j} \in \mathbb{R}^{m_{i,j} \times p_j}$，$D_{i,j} \in \mathbb{R}^{q_j \times n_{i,j}}$，$E_{i,j} \in \mathbb{R}^{m_{i,j} \times n_{i,j}}$ 和待定解矩阵 $X_j \in \mathbb{R}^{r_j \times s_j}$，$Y_j \in \mathbb{R}^{p_j \times q_j}$，$i = 1, 2$，$j \in \mathbb{Z}$ 均为以 T 为周期的矩阵。

　　基于最小二乘法则，为了求解该方程，我们首先需要做的就是寻找矩阵序列 X_j^*，Y_j^*，$j \in \overline{0, T-1}$ 来使得如下指标函数最小：

$$\begin{aligned} J(k) = & \frac{1}{2} \sum_{j=0}^{T-1} \left\| E_{1,j} - A_{1,j}X_j(k)B_{1,j} - C_{1,j}Y_j(k)D_{1,j} \right\|^2 \\ & + \frac{1}{2} \sum_{j=0}^{T-1} \left\| E_{2,j} - A_{2,j}X_{j+1}(k)B_{2,j} - C_{2,j}Y_j(k)D_{2,j} \right\|^2 \end{aligned}$$

这也就是说，对于偏微分方程

$$\begin{aligned} \frac{\partial J(k)}{\partial X_j(k)} = & A_{1,j}^{\mathrm{T}} \left(E_{1,j} - A_{1,j}X_j(k)B_{1,j} - C_{1,j}Y_j(k)D_{1,j} \right) B_{1,j}^{\mathrm{T}} \\ & + A_{2,j-1}^{\mathrm{T}} \left(E_{2,j-1} - A_{2,j-1}X_j(k)B_{2,j-1} - C_{2,j-1}Y_{j-1}(k)D_{2,j-1} \right) B_{2,j-1}^{\mathrm{T}} \end{aligned}$$

和

$$\begin{aligned} \frac{\partial J(k)}{\partial Y_j(k)} = & C_{1,j}^{\mathrm{T}} \left(E_{1,j} - A_{1,j}X_j(k)B_{1,j} - C_{1,j}Y_j(k)D_{1,j} \right) D_{1,j}^{\mathrm{T}} \\ & + C_{2,j}^{\mathrm{T}} \left(E_{2,j} - A_{2,j}X_{j+1}(k)B_{2,j} - C_{2,j}Y_j(k)D_{2,j} \right) D_{2,j}^{\mathrm{T}} \end{aligned}$$

广义周期耦合 Sylvester 矩阵方程 (3.9) 的最小二乘解 X_j^*，Y_j^*，$j \in \overline{0, T-1}$ 满足

$$\left. \frac{\partial J(k)}{\partial X_j(k)} \right|_{X_j(k)=X_j^*} = 0, \left. \frac{\partial J(k)}{\partial Y_j(k)} \right|_{Y_j(k)=Y_j^*} = 0 \tag{3.10}$$

则，基于共轭梯度方法求解广义周期耦合 Sylvester 矩阵方程的迭代算法如下。

算法 3.1 （求解广义周期耦合 **Sylvester** 矩阵方程）

1. 设定容许误差 ε ，选择任意初值 $X_j(0) \in \mathbb{R}^{r_j \times s_j}$ ， $Y_j(0) \in \mathbb{R}^{p_j \times q_j}$ ， $j = \overline{0,\ T-1}$ ，计算：

$$M_j(0) = E_{1,j} - A_{1,j} X_j(0) B_{1,j} - C_{1,j} Y_j(0) D_{1,j}$$

$$N_j(0) = E_{2,j} - A_{2,j} X_{j+1}(0) B_{2,j} - C_{2,j} Y_j(0) D_{2,j}$$

$$R_j(0) = A_{1,j}^{\mathrm{T}} M_j(0) B_{1,j}^{\mathrm{T}} + A_{2,j-1}^{\mathrm{T}} N_{j-1}(0) B_{2,j-1}^{\mathrm{T}}$$

$$S_j(0) = C_{1,j}^{\mathrm{T}} M_j(0) D_{1,j}^{\mathrm{T}} + C_{2,j}^{\mathrm{T}} N_j(0) D_{2,j}^{\mathrm{T}}$$

$$P_j(0) = -R_j(0)$$

$$Q_j(0) = -S_j(0)$$

$$k := 0$$

2. 如果 $\left\| R_j(k) \right\| \leqslant \varepsilon$ ， $\left\| S_j(k) \right\| \leqslant \varepsilon$ ， $j \in \overline{0,\ T-1}$ ，停止；否则进入下一步；

3. 对于 $j \in \overline{0,\ T-1}$ ，计算：

$$\alpha(k) = \frac{\sum_{j=0}^{T-1}\left[P_j^{\mathrm{T}}(k) R_j(k) \right] + \sum_{j=0}^{T-1}\left[Q_j^{\mathrm{T}}(k) S_j(k) \right]}{\sum_{j=0}^{T-1}\left\| A_{1,j} P_j(k) B_{1,j} + C_{1,j} Q_j(k) D_{1,j} \right\|^2 + \sum_{j=0}^{T-1}\left\| A_{2,j} P_{j+1}(k) B_{2,j} + C_{2,j} Q_j(k) D_{2,j} \right\|^2}$$

$$X_j(k+1) = X_j(k) + \alpha(k) P_j(k)$$

$$Y_j(k+1) = Y_j(k) + \alpha(k) Q_j(k)$$

$$M_j(k+1) = E_{1,j} - A_{1,j} X_j(k+1) B_{1,j} - C_{1,j} Y_j(k+1) D_{1,j}$$

$$N_j(k+1) = E_{2,j} - A_{2,j} X_{j+1}(k+1) B_{2,j} - C_{2,j} Y_j(k+1) D_{2,j}$$

$$R_j(k+1) = A_{1,j}^{\mathrm{T}} M_j(k+1) B_{1,j}^{\mathrm{T}} + A_{2,j-1}^{\mathrm{T}} N_{j-1}(k+1) B_{2,j-1}^{\mathrm{T}}$$

$$S_j(k+1) = C_{1,j}^{\mathrm{T}} M_j(k+1) D_{1,j}^{\mathrm{T}} + C_{2,j}^{\mathrm{T}} N_j(k+1) D_{2,j}^{\mathrm{T}}$$

$$P_j(k+1) = -R_j(k+1) + \frac{\sum_{j=0}^{T-1}\left\| R_j(k+1) \right\|^2 + \sum_{j=0}^{T-1}\left\| S_j(k+1) \right\|^2}{\sum_{j=0}^{T-1}\left\| R_j(k) \right\|^2 + \sum_{j=0}^{T-1}\left\| S_j(k) \right\|^2} P_j(k)$$

$$Q_j(k+1) = -S_j(k+1) + \frac{\sum_{j=0}^{T-1}\left\| R_j(k+1) \right\|^2 + \sum_{j=0}^{T-1}\left\| S_j(k+1) \right\|^2}{\sum_{j=0}^{T-1}\left\| R_j(k) \right\|^2 + \sum_{j=0}^{T-1}\left\| S_j(k) \right\|^2} Q_j(k)$$

$$k := k+1$$

4. 返回第 2 步。

注释 3.1 由于本算法不包含循环嵌套，故只需 $O(Tn)$ 级别的计算复杂度。

在本节的剩余部分将讨论算法 3.1 的正确性与收敛性。为了进一步讨论的方便，一些基础的结论需要被首先给出并证明。

引理 3.1 对于算法 3.1 中所产生的矩阵序列 $\{R_j(k)\}$，$\{S_j(k)\}$，$\{P_j(k)\}$，$\{Q_j(k)\}$，有如下关系成立：

$$\sum_{j=0}^{T-1}\left(\mathrm{tr}\left[R_j^{\mathrm{T}}(k+1)P_j(k)\right]+\mathrm{tr}\left[S_j^{\mathrm{T}}(k+1)Q_j(k)\right]\right)=0,\ k\geqslant 0$$

证明： 根据算法 3.1 中的第 3 步，我们有如下推导：

$$
\begin{aligned}
R_j(k+1) &= A_{1,j}^{\mathrm{T}}\left(E_{1,j}-A_{1,j}X_j(k+1)B_{1,j}-C_{1,j}Y_j(k+1)D_{1,j}\right)B_{1,j}^{\mathrm{T}}\\
&\quad + A_{2,j-1}^{\mathrm{T}}\left(E_{2,j-1}-A_{2,j-1}X_j(k+1)B_{2,j-1}-C_{2,j-1}Y_{j-1}(k+1)D_{2,j-1}\right)B_{2,j-1}^{\mathrm{T}}\\
&= A_{1,j}^{\mathrm{T}}\left(E_{1,j}-A_{1,j}X_j(k)B_{1,j}-C_{1,j}Y_j(k)D_{1,j}\right)B_{1,j}^{\mathrm{T}}\\
&\quad + A_{2,j-1}^{\mathrm{T}}\left(E_{2,j-1}-A_{2,j-1}X_j(k)B_{2,j-1}-C_{2,j-1}Y_{j-1}(k)D_{2,j-1}\right)B_{2,j-1}^{\mathrm{T}}\\
&\quad -\alpha(k)A_{1,j}^{\mathrm{T}}\left(A_{1,j}P_j(k)B_{1,j}+C_{1,j}Q_j(k)D_{1,j}\right)B_{1,j}^{\mathrm{T}}\\
&\quad -\alpha(k)A_{2,j-1}^{\mathrm{T}}\left(A_{2,j-1}P_j(k)B_{2,j-1}+C_{2,j-1}Q_{j-1}(k)D_{2,j-1}\right)B_{2,j-1}^{\mathrm{T}}\\
&= R_j(k)-\alpha(k)A_{1,j}^{\mathrm{T}}\left(A_{1,j}P_j(k)B_{1,j}+C_{1,j}Q_j(k)D_{1,j}\right)B_{1,j}^{\mathrm{T}}\\
&\quad -\alpha(k)A_{2,j-1}^{\mathrm{T}}\left(A_{2,j-1}P_j(k)B_{2,j-1}+C_{2,j-1}Q_{j-1}(k)D_{2,j-1}\right)B_{2,j-1}^{\mathrm{T}}
\end{aligned}
$$

类似地，还可得到

$$
\begin{aligned}
S_j(k+1) &= S_j(k)-\alpha(k)C_{1,j}^{\mathrm{T}}\left(A_{1,j}P_j(k)B_{1,j}+C_{1,j}Q_j(k)D_{1,j}\right)D_{1,j}^{\mathrm{T}}\\
&\quad -\alpha(k)C_{2,j}^{\mathrm{T}}\left(A_{2,j}P_{j+1}(k)B_{2,j}+C_{2,j}Q_j(k)D_{2,j}\right)D_{2,j}^{\mathrm{T}}
\end{aligned}
$$

接下来，就有

$$
\begin{aligned}
&\mathrm{tr}\left[R_j^{\mathrm{T}}(k+1)P_j(k)\right]+\mathrm{tr}\left[S_j^{\mathrm{T}}(k+1)Q_j(k)\right]\\
&=\mathrm{tr}\left[R_j^{\mathrm{T}}(k)P_j(k)\right]+\mathrm{tr}\left[S_j^{\mathrm{T}}(k)Q_j(k)\right]\\
&\quad -\alpha(k)\mathrm{tr}\left[\left(A_{1,j}P_j(k)B_{1,j}+C_{1,j}Q_j(k)D_{1,j}\right)^{\mathrm{T}}A_{1,j}P_j(k)B_{1,j}\right]
\end{aligned}
$$

$$- \alpha(k) \mathrm{tr} \left[\left(A_{2,j-1} P_j(k) B_{2,j-1} + C_{2,j-1} Q_{j-1}(k) D_{2,j-1} \right)^{\mathrm{T}} A_{2,j-1} P_j(k) B_{2,j-1} \right]$$

$$- \alpha(k) \mathrm{tr} \left[\left(A_{1,j} P_j(k) B_{1,j} + C_{1,j} Q_j(k) D_{1,j} \right)^{\mathrm{T}} C_{1,j} Q_j(k) D_{1,j} \right] \tag{3.11}$$

$$- \alpha(k) \mathrm{tr} \left[\left(A_{2,j} P_{j+1}(k) B_{2,j} + C_{2,j} Q_j(k) D_{2,j} \right)^{\mathrm{T}} C_{2,j} Q_j(k) D_{2,j} \right]$$

然后，对式 (3.11) 从 $j = 0$ 到 $j = T - 1$ 进行求和，可得到

$$\sum_{j=0}^{T-1} \left(\mathrm{tr} \left[R_j^{\mathrm{T}}(k+1) P_j(k) \right] + \mathrm{tr} \left[S_j^{\mathrm{T}}(k+1) Q_j(k) \right] \right)$$

$$= \sum_{j=0}^{T-1} \left(\mathrm{tr} \left[R_j^{\mathrm{T}}(k) P_j(k) \right] + \mathrm{tr} \left[S_j^{\mathrm{T}}(k) Q_j(k) \right] \right) - \alpha(k) \left(\sum_{j=0}^{T-1} \left\| A_{1,j} P_j(k) B_{1,j} + C_{1,j} Q_j(k) D_{1,j} \right\|^2 \right.$$

$$\left. + \sum_{j=0}^{T-1} \left\| A_{2,j} P_{j+1}(k) B_{2,j} + C_{2,j} Q_j(k) D_{2,j} \right\|^2 \right)$$

又因为

$$\alpha(k) =$$

$$\frac{\sum_{j=0}^{T-1} \left[P_j^{\mathrm{T}}(k) R_j(k) \right] + \sum_{j=0}^{T-1} \left[Q_j^{\mathrm{T}}(k) S_j(k) \right]}{\sum_{j=0}^{T-1} \left\| A_{1,j} P_j(k) B_{1,j} + C_{1,j} Q_j(k) D_{1,j} \right\|^2 + \sum_{j=0}^{T-1} \left\| A_{2,j} P_{j+1}(k) B_{2,j} + C_{2,j} Q_j(k) D_{2,j} \right\|^2}$$

可以轻易得出

$$\sum_{j=0}^{T-1} \left(\mathrm{tr} \left[R_j^{\mathrm{T}}(k+1) P_j(k) \right] + \mathrm{tr} \left[S_j^{\mathrm{T}}(k+1) Q_j(k) \right] \right) = 0, \ k \geqslant 0$$

因此引理 3.1 得证。

引理 3.2　对于算法 3.1 中所产生的矩阵序列 $\{R_j(k)\}$，$\{S_j(k)\}$，$\{P_j(k)\}$，$\{Q_j(k)\}$，有如下关系成立：

$$\sum_{j=0}^{T-1} \mathrm{tr} \left[R_j^{\mathrm{T}}(k) P_j(k) \right] + \sum_{j=0}^{T-1} \mathrm{tr} \left[S_j^{\mathrm{T}}(k) Q_j(k) \right] = - \sum_{j=0}^{T-1} \left\| R_j(k) \right\|^2 - \sum_{j=0}^{T-1} \left\| S_j(k) \right\|^2, \ k > 0$$

$$\tag{3.12}$$

证明：易得当 $k = 0$ 时式 (3.12) 自然成立。当 $k > 0$ 时，有

$$\operatorname{tr}\left[R_j^{\mathrm{T}}(k+1)P_j(k+1)\right]+\operatorname{tr}\left[S_j^{\mathrm{T}}(k+1)Q_j(k+1)\right]$$

$$=-\left\|R_j(k+1)\right\|^2-\left\|S_j(k+1)\right\|^2$$

$$+\frac{\sum_{j=0}^{T-1}\left\|R_j(k+1)\right\|^2+\sum_{j=0}^{T-1}\left\|S_j(k+1)\right\|^2}{\sum_{j=0}^{T-1}\left\|R_j(k)\right\|^2+\sum_{j=0}^{T-1}\left\|S_j(k)\right\|^2}\left(\operatorname{tr}\left[R_j^{\mathrm{T}}(k+1)P_j(k)\right]\right.$$

$$+\operatorname{tr}\left[S_j^{\mathrm{T}}(k+1)Q_j(k)\right]\Big) \tag{3.13}$$

从 $j=0$ 到 $j=T-1$ 对式 (3.13) 进行求和，有

$$\sum_{j=0}^{T-1}\left(\operatorname{tr}\left[R_j^{\mathrm{T}}(k+1)P_j(k+1)\right]+\operatorname{tr}\left[S_j^{\mathrm{T}}(k+1)Q_j(k+1)\right]\right)$$

$$=-\sum_{j=0}^{T-1}\left(\left\|R_j(k+1)\right\|^2+\left\|S_j(k+1)\right\|^2\right)$$

$$+\frac{\sum_{j=0}^{T-1}\left\|R_j(k+1)\right\|^2+\sum_{j=0}^{T-1}\left\|S_j(k+1)\right\|^2}{\sum_{j=0}^{T-1}\left\|R_j(k)\right\|^2+\sum_{j=0}^{T-1}\left\|S_j(k)\right\|^2}\sum_{j=0}^{T-1}\left(\operatorname{tr}\left[R_j^{\mathrm{T}}(k+1)P_j(k)\right]\right.$$

$$+\operatorname{tr}\left[S_j^{\mathrm{T}}(k+1)Q_j(k)\right]\Big)$$

而根据引理 3.1，可知

$$\sum_{j=0}^{T-1}\left(\operatorname{tr}\left[R_j^{\mathrm{T}}(k+1)P_j(k)\right]+\operatorname{tr}\left[S_j^{\mathrm{T}}(k+1)Q_j(k)\right]\right)=0,\quad k\geqslant 0$$

即

$$\sum_{j=0}^{T-1}\operatorname{tr}\left[R_j^{\mathrm{T}}(k)P_j(k)\right]+\sum_{j=0}^{T-1}\operatorname{tr}\left[S_j^{\mathrm{T}}(k)Q_j(k)\right]=-\sum_{j=0}^{T-1}\left\|R_j(k)\right\|^2-\sum_{j=0}^{T-1}\left\|S_j(k)\right\|^2,\ k\geqslant 0$$

引理 3.2 得证。

引理 3.3　对于算法 3.1 中所产生的矩阵序列 $\left\{R_j(k)\right\}$，$\left\{S_j(k)\right\}$，$\left\{P_j(k)\right\}$，$\left\{Q_j(k)\right\}$，有如下关系成立：

$$\sum_{k \geqslant 0} \frac{\left(\sum_{j=0}^{T-1} \left\| R_j(k) \right\|^2 + \sum_{j=0}^{T-1} \left\| S_j(k) \right\|^2\right)^2}{\sum_{j=0}^{T-1} \left\| P_j(k) \right\|^2 + \sum_{j=0}^{T-1} \left\| Q_j(k) \right\|^2} < \infty$$

证明： 首先，定义如下符号：

$$\bar{M} =$$
$$\begin{bmatrix} B_{1,0}^{\mathrm{T}} \otimes A_{1,0} & D_{1,0}^{\mathrm{T}} \otimes C_{1,0} & & & \\ & & B_{1,1}^{\mathrm{T}} \otimes A_{1,1} & D_{1,1}^{\mathrm{T}} \otimes C_{1,1} & \\ & & & \ddots & \\ & & & & B_{1,T-1}^{\mathrm{T}} \otimes A_{1,T-1} & D_{1,T-1}^{\mathrm{T}} \otimes C_{1,T-1} \end{bmatrix}$$

$$\bar{N} =$$
$$\begin{bmatrix} & D_{2,0}^{\mathrm{T}} \otimes C_{2,0} & B_{2,0}^{\mathrm{T}} \otimes A_{2,0} & & \\ & & & \ddots & \\ & & & & D_{2,T-2}^{\mathrm{T}} \otimes C_{2,T-2} & B_{2,T-2}^{\mathrm{T}} \otimes A_{2,T-2} \\ B_{2,T-1}^{\mathrm{T}} \otimes A_{2,T-1} & & & & & D_{2,T-1}^{\mathrm{T}} \otimes C_{2,T-1} \end{bmatrix}$$

其中，矩阵中的空白元素均为 0。则进一步，令

$$\pi = \left\| \begin{bmatrix} \bar{M} \\ \bar{N} \end{bmatrix} \right\|_2^2 \tag{3.14}$$

然后根据如下推导：

$$\sum_{j=0}^{T-1} \left\| A_{1,j} P_j(k) B_{1,j} + C_{1,j} Q_j(k) D_{1,j} \right\|^2 + \sum_{j=0}^{T-1} \left\| A_{2,j} P_{j+1}(k) B_{2,j} + C_{2,j} Q_j(k) D_{2,j} \right\|^2$$

$$= \sum_{j=0}^{T-1} \left\| \left(B_{1,j}^{\mathrm{T}} \otimes A_{1,j} \right) \mathrm{vec}\left(P_j(k) \right) + \left(D_{1,j}^{\mathrm{T}} \otimes C_{1,j} \right) \mathrm{vec}\left(Q_j(k) \right) \right\|^2$$

$$+ \sum_{j=0}^{T-1} \left\| \left(B_{2,j}^{\mathrm{T}} \otimes A_{2,j} \right) \mathrm{vec}\left(P_{j+1}(k) \right) + \left(D_{2,j}^{\mathrm{T}} \otimes C_{2,j} \right) \mathrm{vec}\left(Q_j(k) \right) \right\|^2$$

$$
\begin{aligned}
&=\left\|\begin{matrix}
\left(B_{1,0}^{\mathrm{T}}\otimes A_{1,0}\right)\mathrm{vec}\left(P_0(k)\right)+\left(D_{1,0}^{\mathrm{T}}\otimes C_{1,0}\right)\mathrm{vec}\left(Q_0(k)\right)\\
\vdots\\
\left(B_{1,T-1}^{\mathrm{T}}\otimes A_{1,T-1}\right)\mathrm{vec}\left(P_{T-1}(k)\right)+\left(D_{1,T-1}^{\mathrm{T}}\otimes C_{1,T-1}\right)\mathrm{vec}\left(P_{T-1}(k)\right)\\
\left(B_{2,0}^{\mathrm{T}}\otimes A_{2,0}\right)\mathrm{vec}\left(P_1(k)\right)+\left(D_{2,0}^{\mathrm{T}}\otimes C_{2,0}\right)\mathrm{vec}\left(Q_0(k)\right)\\
\vdots\\
\left(B_{2,T-1}^{\mathrm{T}}\otimes A_{2,T-1}\right)\mathrm{vec}\left(P_0(k)\right)+\left(D_{2,T-1}^{\mathrm{T}}\otimes C_{2,T-1}\right)\mathrm{vec}\left(Q_{T-1}(k)\right)
\end{matrix}\right\|^2\\[2mm]
&=\left\|\begin{bmatrix}\bar{M}\\\bar{N}\end{bmatrix}\begin{bmatrix}\mathrm{vec}\left(P_0(k)\right)\\\mathrm{vec}\left(Q_0(k)\right)\\\vdots\\\mathrm{vec}\left(P_{T-1}(k)\right)\\\mathrm{vec}\left(Q_{T-1}(k)\right)\end{bmatrix}\right\|^2\leqslant\pi\left\|\begin{bmatrix}\mathrm{vec}\left(P_0(k)\right)\\\mathrm{vec}\left(Q_0(k)\right)\\\vdots\\\mathrm{vec}\left(P_{T-1}(k)\right)\\\mathrm{vec}\left(Q_{T-1}(k)\right)\end{bmatrix}\right\|^2\\[2mm]
&=\pi\left(\sum_{j=0}^{T-1}\left\|P_j(k)\right\|^2+\sum_{j=0}^{T-1}\left\|Q_j(k)\right\|^2\right)
\end{aligned}
$$

下述关系成立:

$$
\sum_{j=0}^{T-1}\left\|A_{1,j}P_j(k)B_{1,j}+C_{1,j}Q_j(k)D_{1,j}\right\|^2+\sum_{j=0}^{T-1}\left\|A_{2,j}P_{j+1}(k)B_{2,j}+C_{2,j}Q_j(k)D_{2,j}\right\|^2
$$

$$
\leqslant\pi\left(\sum_{j=0}^{T-1}\left\|P_j(k)\right\|^2+\sum_{j=0}^{T-1}\left\|Q_j(k)\right\|^2\right)
$$

$$
\tag{3.15}
$$

回顾指标函数 J 的表示, 当 $k\geqslant0$, 有

$$
\begin{aligned}
J(k+1)&=\frac{1}{2}\sum_{j=0}^{T-1}\left\|E_{1,j}-A_{1,j}X_j(k+1)B_j-C_{1,j}Y_j(k+1)D_{1,j}\right\|^2\\
&\quad+\frac{1}{2}\sum_{j=0}^{T-1}\left\|E_{2,j}-A_{2,j}X_{j+1}(k+1)B_{2,j}-C_{2,j}Y_j(k+1)D_{2,j}\right\|^2\\
&=\frac{1}{2}\sum_{j=0}^{T-1}\left\|M_j(k)-\alpha(k)\left[A_{1,j}P_j(k)B_{1,j}+C_{1,j}Q_j(k)D_{1,j}\right]\right\|^2\\
&\quad+\frac{1}{2}\sum_{j=0}^{T-1}\left\|N_j(k)-\alpha(k)\left[A_{2,j}P_{j+1}(k)B_{2,j}+C_{2,j}Q_j(k)D_{2,j}\right]\right\|^2
\end{aligned}
$$

$$
\begin{aligned}
&= \frac{1}{2}\left(\sum_{j=0}^{T-1}\left\|M_j(k)\right\|^2 + \sum_{j=0}^{T-1}\left\|N_j(k)\right\|^2\right) \\
&\quad - \alpha(k)\sum_{j=0}^{T-1}\operatorname{tr}\left[M_j^{\mathrm{T}}(k)\left(A_{1,j}P_j(k)B_{1,j} + C_{1,j}Q_j(k)D_{1,j}\right)\right] \\
&\quad - \alpha(k)\sum_{j=0}^{T-1}\operatorname{tr}\left[N_j^{\mathrm{T}}(k)\left(A_{2,j}P_j(k)B_{2,j} + C_{2,j}Q_j(k)D_{2,j}\right)\right] \\
&\quad + \frac{1}{2}\alpha^2(k)\sum_{j=0}^{T-1}\left\|A_{1,j}P_j(k)B_{1,j} + C_{1,j}Q_j(k)D_{1,j}\right\|^2 \\
&\quad + \frac{1}{2}\alpha^2(k)\sum_{j=0}^{T-1}\left\|A_{2,j}P_{j+1}(k)B_{2,j} + C_{2,j}Q_j(k)D_{2,j}\right\|^2 \\
&= J(k) - \alpha(k)\sum_{j=0}^{T-1}\operatorname{tr}\left[P_j^{\mathrm{T}}(k)A_{1,j}^{\mathrm{T}}M_j(k)B_{1,j}^{\mathrm{T}} + Q_j^{\mathrm{T}}(k)C_{1,j}^{\mathrm{T}}M_j(k)D_{1,j}^{\mathrm{T}}\right] \\
&\quad - \alpha(k)\sum_{j=0}^{T-1}\operatorname{tr}\left[P_{j+1}^{\mathrm{T}}(k)A_{2,j}^{\mathrm{T}}N_j(k)B_{2,j}^{\mathrm{T}} + Q_j^{\mathrm{T}}(k)C_{2,j}^{\mathrm{T}}N_j(k)D_{2,j}^{\mathrm{T}}\right] \\
&\quad + \frac{1}{2}\alpha(k)\left(\sum_{j=0}^{T-1}\operatorname{tr}\left[P_j^{\mathrm{T}}(k)R_j(k)\right] + \sum_{j=0}^{T-1}\operatorname{tr}\left[Q_j^{\mathrm{T}}(k)S_j(k)\right]\right) \\
&= J(k) - \frac{1}{2}\alpha(k)\left(\sum_{j=0}^{T-1}\operatorname{tr}\left[P_j^{\mathrm{T}}(k)R_j(k)\right] + \sum_{j=0}^{T-1}\operatorname{tr}\left[Q_j^{\mathrm{T}}(k)S_j(k)\right]\right)
\end{aligned}
$$

也就是说，有如下关系成立：

$$
\begin{aligned}
&J(k+1) - J(k) \\
&= -\frac{1}{2}\frac{\left(\displaystyle\sum_{j=0}^{T-1}\operatorname{tr}\left[P_j^{\mathrm{T}}(k)R_j(k)\right] + \sum_{j=0}^{T-1}\operatorname{tr}\left[Q_j^{\mathrm{T}}(k)S_j(k)\right]\right)^2}{\displaystyle\sum_{j=0}^{T-1}\left\|A_{1,j}P_j(k)B_{1,j} + C_{1,j}Q_j(k)D_{1,j}\right\|^2 + \sum_{j=0}^{T-1}\left\|A_{2,j}P_{j+1}(k)B_{2,j} + C_{2,j}Q_j(k)D_{2,j}\right\|^2} \\
&\leqslant 0
\end{aligned}
$$

$$(3.16)$$

这就意味着 $\{J(k)\}$ 是一个单调递减序列，所以，对于所有的 $k \geqslant 0$，存在如下关系：

$$
J(k+1) \leqslant J(0)
$$

因为函数 J 是非负的，所以有

$$\sum_{k=0}^{\infty}\big(J(k)-J(k+1)\big)=J(0)-\lim_{k\to\infty}J(k)<\infty \tag{3.17}$$

进一步地，结合式 (3.15) 与式 (3.17)，根据引理 3.2，可以得到

$$\sum_{k\geqslant0}\frac{\left(\sum_{j=0}^{T-1}\big\|R_j(k)\big\|^2+\sum_{j=0}^{T-1}\big\|S_j(k)\big\|^2\right)^2}{\sum_{j=0}^{T-1}\big\|P_j(k)\big\|^2+\sum_{j=0}^{T-1}\big\|Q_j(k)\big\|^2}$$

$$=\sum_{k\geqslant0}\frac{\left(\sum_{j=0}^{T-1}\mathrm{tr}\big[R_j^{\mathrm{T}}(k)P_j(k)\big]+\sum_{j=0}^{T-1}\mathrm{tr}\big[S_j^{\mathrm{T}}(k)Q_j(k)\big]\right)^2}{\sum_{j=0}^{T-1}\big\|P_j(k)\big\|^2+\sum_{j=0}^{T-1}\big\|Q_j(k)\big\|^2}$$

$$\leqslant\pi\sum_{k\geqslant0}\frac{\left(\sum_{j=0}^{T-1}\mathrm{tr}\big[R_j^{\mathrm{T}}(k)P_j(k)\big]+\sum_{j=0}^{T-1}\mathrm{tr}\big[S_j^{\mathrm{T}}(k)Q_j(k)\big]\right)^2}{\sum_{j=0}^{T-1}\big\|A_{1,j}P_j(k)B_{1,j}+C_{1,j}Q_j(k)D_{1,j}\big\|^2+\sum_{j=0}^{T-1}\big\|A_{2,j}P_{j+1}(k)B_{2,j}+C_{2,j}Q_j(k)D_{2,j}\big\|^2}$$

$$=2\pi\Big(J(0)-\lim_{k\to\infty}J(k)\Big)$$

$$<\infty$$

　　综上所述，引理 3.3 得证。

　　经过以上三个引理的铺垫，可以得到如下定理 3.2。

定理 3.2　考虑广义周期耦合 Sylvester 矩阵方程 (3.9)。算法 3.1 中所产生的矩阵序列 $\{R_j(k)\}$，$\{S_j(k)\}$，$j\in\overline{0,T-1}$ 满足如下关系：

$$\lim_{k\to\infty}\big\|R_j(k)\big\|=0,\ \lim_{k\to\infty}\big\|S_j(k)\big\|=0$$

因此，由算法 3.1 所产生的解 $X_j(k)$，$Y_j(k)$，$j\in\overline{0,T-1}$ 即为广义周期 Sylvester 矩阵方程 (3.9) 的解。

证明：回顾引理 3.1，有如下推导成立：

$$\sum_{j=0}^{T-1}\big\|P_j(k+1)\big\|^2+\sum_{j=0}^{T-1}\big\|Q_j(k+1)\big\|^2$$

$$=\sum_{j=0}^{T-1}\left\|-R_j(k+1)+\frac{\sum_{j=0}^{T-1}\big\|R_j(k+1)\big\|^2+\sum_{j=0}^{T-1}\big\|S_j(k+1)\big\|^2}{\sum_{j=0}^{T-1}\big\|R_j(k)\big\|^2+\sum_{j=0}^{T-1}\big\|S_j(k)\big\|^2}P_j(k)\right\|^2$$

$$+ \sum_{j=0}^{T-1} \left\| -S_j(k+1) + \frac{\sum_{j=0}^{T-1} \left\| R_j(k+1) \right\|^2 + \sum_{j=0}^{T-1} \left\| S_j(k+1) \right\|^2}{\sum_{j=0}^{T-1} \left\| R_j(k) \right\|^2 + \sum_{j=0}^{T-1} \left\| S_j(k) \right\|^2} Q_j(k) \right\|^2$$

$$= \sum_{j=0}^{T-1} \left\| R_j(k+1) \right\|^2 + \sum_{j=0}^{T-1} \left\| S_j(k+1) \right\|^2$$

$$+ \left(\frac{\sum_{j=0}^{T-1} \left\| R_j(k+1) \right\|^2 + \sum_{j=0}^{T-1} \left\| S_j(k+1) \right\|^2}{\sum_{j=0}^{T-1} \left\| R_j(k) \right\|^2 + \sum_{j=0}^{T-1} \left\| S_j(k) \right\|^2} \right)^2 \left(\sum_{j=0}^{T-1} \left\| P_j(k) \right\|^2 + \sum_{j=0}^{T-1} \left\| Q_j(k) \right\|^2 \right)$$

$$\tag{3.18}$$

令

$$t(k) = \frac{\sum_{j=0}^{T-1} \left\| P_j(k) \right\|^2 + \sum_{j=0}^{T-1} \left\| Q_j(k) \right\|^2}{\left(\sum_{j=0}^{T-1} \left\| R_j(k) \right\|^2 + \sum_{j=0}^{T-1} \left\| S_j(k) \right\|^2 \right)^2}$$

则式 (3.18) 可以被等价地重新写为

$$t(k+1) = t(k) + \frac{1}{\sum_{j=0}^{T-1} \left\| R_j(k+1) \right\|^2 + \sum_{j=0}^{T-1} \left\| S_j(k+1) \right\|^2} \tag{3.19}$$

利用反证法，假设

$$\lim_{k \to \infty} \sum_{j=0}^{T-1} \left(\left\| R_j(k) \right\|^2 + \left\| S_j(k) \right\|^2 \right) \neq 0$$

则意味着存在一个正数 $\delta > 0$（无论它多么小），总存在一个正整数 K，使得当 $k \geq K$ 时，有

$$\sum_{j=0}^{T-1} \left(\left\| R_j(k) \right\|^2 + \left\| S_j(k) \right\|^2 \right) \geq \delta \tag{3.20}$$

根据式 (3.19) 及式 (3.20)，可知

$$t(k+1) \leq t(0) + \frac{k+1}{\delta}$$

也就是说如下关系成立：

$$\frac{1}{t(k+1)} \geqslant \frac{\delta}{\delta t(0)+k+1}$$

对上式两端进行求和，有

$$\sum_{k=1}^{\infty}\frac{1}{t(k)} \geqslant \sum_{k=1}^{\infty}\frac{\delta}{\delta t(0)+k+1}=\infty$$

然而，根据引理 3.3，有

$$\sum_{k=1}^{\infty}\frac{1}{t(k)} < \infty$$

矛盾。于是，定理 3.2 得证。

3.3.2　多个方程的耦合情形

在本节中，把 3.3.1 节中的算法扩展到对于更加一般的广义周期耦合 Sylvester 矩阵方程的求解应用中。考虑如下方程：

$$^{1}A_{i,j}\,^{1}X_{j+i-1}\,^{1}B_{i,j} + ^{2}A_{i,j}\,^{2}X_{j}\,^{2}B_{i,j} + \cdots + ^{p}A_{i,j}\,^{p}X_{j}\,^{p}B_{i,j} = E_{i,j} \qquad (3.21)$$

其中，$i \in \overline{1,N}$，$j \in \mathbb{Z}^{+}$，$1 < N < T$ 为约束方程的个数，系数矩阵 $^{h}A_{i,j} \in \mathbb{R}^{m_{i,j} \times h_{r_{j}}}$，$^{h}B_{i,j} \in \mathbb{R}^{h_{s_{j}} \times n_{i,j}}$，$E_{i,j} \in \mathbb{R}^{m_{i,j} \times n_{i,j}}$ 及待定解矩阵 $^{h}X_{j} \in \mathbb{R}^{h_{r_{j}} \times h_{s_{j}}}$ 均为周期矩阵，其中，$1 < h < p$ 为待定解矩阵的数量。如此形式的矩阵方程包含了式(3.9)作为其一个特例：当 $N=2$ 且 $p=2$ 时，方程(3.21)就退化为式(3.6)。与 3.3.1 节思想类似，我们以最小二乘思想求解该方程，即，寻找矩阵 $^{h}X_{j}$，$h \in \overline{1,p}$，$j \in \overline{0,T}$ 使得如下指标函数最小：

$$J\left(^{h}X_{j}, h \in \overline{1,p}, j \in \overline{0,T}\right) = \frac{1}{2}\sum_{i=1}^{N}\sum_{j=0}^{T-1}\left\|E_{i,j} - ^{1}A_{i,j}\,^{1}X_{j+i-1}\,^{1}B_{i,j} - \sum_{h=2}^{p}\,^{h}A_{i,j}\,^{h}X_{j}\,^{h}B_{i,j}\right\|^{2}$$

$$(3.22)$$

易得

$$\frac{\partial J}{\partial\, ^hX_j}=\left\{\begin{array}{l}\sum\limits_{i=1}^{N}\,^1A_{i,j-i+1}^{\mathrm{T}}\left(\begin{array}{l}E_{i,j-i+1}-\,^1A_{i,j-i+1}\,^1X_j\,^1B_{i,j-i+1}\\[2mm]-\sum\limits_{h=2}^{p}\,^hA_{i,j-i+1}\,^hX_{j-i+1}\,^hB_{i,j-i+1}\end{array}\right)\,^1B_{i,j-i+1}^{\mathrm{T}}\\[8mm]\sum\limits_{i=1}^{N}\,^hA_{i,j}^{\mathrm{T}}\left(E_{i,j}-\,^1A_{i,j}\,^1X_{j+i-1}\,^1B_{i,j}-\sum\limits_{h=2}^{p}\,^hA_{i,j}\,^hX_j\,^hB_{i,j}\right)\,^hB_{i,j}^{\mathrm{T}},h\neq1\end{array}\right.$$

则方程(3.21)的最小二乘解 $^hX_j^*$，$h\in\overline{1,p}$，$j\in\overline{0,T}$ 应当满足：

$$\left.\frac{\partial J}{\partial\,^hX_j}\right|_{^hX_j=\,^hX_j^*}=0,h\in\overline{1,p},j\in\overline{0,T}$$

通过扩展 3.3.1 节中求解方程(3.6)的算法 3.1，本节给出了如下最小二乘意义下求解耦合矩阵方程(3.21)的迭代算法。

算法 3.2　（广义周期耦合矩阵方程的迭代求解算法）

1. 设定容许误差 ε，选择任意初值 $^hX_j(k)$，$h\in\overline{1,p}$，$j\in\overline{0,T}$，计算

$$M_{i,j}(0)=E_{i,j}-\,^1A_{i,j}\,^1X_{j+i-1}(0)\,^1B_{i,j}-\sum_{h=2}^{p}\,^hA_{i,j}\,^hX_j(0)\,^hB_{i,j}$$

$$^hR_j(0)=\left\{\begin{array}{l}\sum\limits_{i=1}^{N}\,^1A_{i,j-i+1}^{\mathrm{T}}M_{i,j-i+1}(0)\,^1B_{i,j-i+1}^{\mathrm{T}}\\[5mm]\sum\limits_{i=1}^{N}\,^hA_{i,j}^{\mathrm{T}}M_{i,j}(0)\,^hB_{i,j}^{\mathrm{T}},h\neq1\end{array}\right.$$

$$^hP_j(0)=-\,^hR_j(0)$$

$$k:=0$$

2. 如果 $\left\|\,^hR_j(k)\right\|\leqslant\varepsilon,h\in\overline{1,p},j\in\overline{0,\,T-1}$，停止；否则进入下一步；

3. 对于 $j\in\overline{0,\,T-1}$，计算：

$$\alpha(k)=\frac{\sum_{h=1}^{p}\sum_{j=0}^{T-1}\left[\,^hP_j^{\mathrm{T}}(k)\,^hR_j(k)\right]}{\sum_{i=1}^{N}\sum_{j=0}^{T-1}\left\|\,^1A_{i,j}\,^1P_{j+i-1}(k)\,^1B_{i,j}+\sum_{h=2}^{p}\left(\,^hA_{i,j}\,^hP_j(k)\,^hB_{i,j}\right)\right\|^2}$$

$$^hX_j(k+1)=\,^hX_j(k)+\alpha(k)\,^hP_j(k)$$

$$M_{i,j}(k+1) = E_{i,j} - {}^1A_{i,j}\,{}^1X_{j+i-1}(k+1)\,{}^1B_{i,j} - \sum_{h=2}^{p} {}^hA_{i,j}\,{}^hX_j(k+1)\,{}^hB_{i,j}$$

$${}^hR_j(k+1) = \begin{cases} \displaystyle\sum_{i=1}^{N} {}^1A_{i,j-i+1}^{\mathrm{T}}M_{i,j-i+1}(k+1)\,{}^1B_{i,j-i+1}^{\mathrm{T}} \\ \displaystyle\sum_{i=1}^{N} {}^hA_{i,j}^{\mathrm{T}}M_{i,j}(k+1)\,{}^hB_{i,j}^{\mathrm{T}}, h \neq 1 \end{cases}$$

$${}^hP_j(k+1) = -{}^hR_j(k+1) + \frac{\sum_{h=1}^{p}\sum_{j=0}^{T-1}\left\|R_j(k+1)\right\|^2}{\sum_{h=1}^{p}\sum_{j=0}^{T-1}\left\|R_j(k)\right\|^2}\,{}^hP_j(k)$$

$$k = k+1$$

4. 返回第 2 步。

与 3.3 节结论相似，在算法 3.2 的收敛性上，有如下结论，其证明从略。

引理 3.4　对于算法 3.2 所得到的周期矩阵序列 $\left\{{}^hR_j(k)\right\}$，$\left\{{}^hP_j(k)\right\}$，$h \in \overline{1,p}$，$j \in \overline{0,T-1}$，有如下关系成立：

$$\sum_{j=0}^{T-1}\sum_{h=1}^{p}\mathrm{tr}\left[{}^hR_j^{\mathrm{T}}(k+1)\,{}^hP_j(k)\right] = 0, k \geqslant 0$$

引理 3.5　对于算法 3.2 所得到的周期矩阵序列 $\left\{{}^hR_j(k)\right\}$，$\left\{{}^hP_j(k)\right\}$，$h \in \overline{1,p}$，$j \in \overline{0,T-1}$，有如下关系成立：

$$\sum_{k \geqslant 0} \frac{\left(\sum_{h=1}^{p}\sum_{j=0}^{T-1}\left\|{}^hR_j(k)\right\|^2\right)^2}{\sum_{h=1}^{p}\sum_{j=0}^{T-1}\left\|{}^hP_j(k)\right\|^2} < \infty$$

定理 3.3　考虑广义周期耦合 Sylvester 矩阵方程(3.21)。算法 3.2 中所产生的矩阵序列 $\left\{{}^hR_j(k)\right\}$，$j \in \overline{0,T-1}$ 满足如下关系：

$$\lim_{k \to \infty}\left\|{}^hR_j(k)\right\| = 0$$

因此，由算法 3.2 所产生的解 ${}^hX_j(k)$，$j \in \overline{0,T-1}$ 即为广义周期 Sylvester 矩阵方程(3.21)的解。

注释 3.2 利用最小二乘思想求解耦合矩阵方程的思想在文献[25]中已经得到了应用:利用分层识别原理,给出了求解耦合矩阵方程(3.21)的有限迭代算法。然而,文献[25]中的方法要求该方程的一些系数矩阵必须为行满秩或者列满秩。另外,在该方法中的每一步迭代中都会涉及矩阵的求逆运算,这会导致计算复杂度的提升。而本节提出的算法 3.2 克服了这些缺点,并将算法扩展到了周期矩阵方程求解领域,因此可以证明算法 3.2 比一些现存的算法优越。

注释 3.3 在求解时不变耦合矩阵方程领域,文献[25],[26]和[56]都做出了一些研究。文献[26]中方法要求

$$\sum_{i=1}^{N} m_i n_i = \sum_{j=1}^{p} r_j s_j$$

而文献[25],[56]中方法要求耦合矩阵方程满足 $p = N$ 且所有的待定矩阵 ${}^h X_j$ 的维数相同。而在本节中,所提出的算法 3.2 取消了这些限制。

注释 3.4 与文献[25],[26]中方法所不同的是,算法 3.2 可以在有限步内获得目标方程的没有冗余误差的精确解。并且值得一提的是,文献[25],[26]中方法只适用于目标方程只有唯一解的情况。

注释 3.5 在文献[25],[26]中,为了确保所提出算法的收敛性,使用者必须选择适当的迭代步长或收敛因子。而一般地,这样的收敛因子的计算会非常复杂。与这些方法不同地是,算法 3.2 不涉及收敛因子选择的问题,并因此更易于被实现。

注释 3.6 由于误差的存在,算法 3.2 可能不会在有限步内结束。在这种情况下,使用者可利用该算法在充分多次迭代后获得满足精度要求的逼近解。

3.4 数 值 算 例

例 3.1 考虑如下周期为 3 的广义周期 Sylvester 矩阵方程

$$\begin{cases} A_{1,j} X_j B_{1,j} + C_{1,j} Y_j D_{1,j} = E_{1,j} \\ A_{2,j} X_{j+1} B_{2,j} + C_{2,j} Y_j D_{2,j} = E_{2,j} \end{cases}$$

其中,约束矩阵分别为

$$A_{1,j} = \begin{cases} \begin{bmatrix} 2 & 1 \\ 8 & 2 \end{bmatrix}, j = 0 \\ \begin{bmatrix} -1 & 0.5 \\ 1 & -2.5 \end{bmatrix}, j = 1, \\ \begin{bmatrix} 0 & 2 \\ 3 & 0 \end{bmatrix}, j = 2 \end{cases} \quad B_{1,j} = \begin{cases} \begin{bmatrix} 0.5 & -1 \\ -1.5 & 1 \end{bmatrix}, j = 0 \\ \begin{bmatrix} -1 & 0 \\ 5 & 1 \end{bmatrix}, j = 1, \\ \begin{bmatrix} 1 & -1 \\ -3 & 1 \end{bmatrix}, j = 2 \end{cases}$$

$$C_{1,j} = \begin{cases} \begin{bmatrix} -1 & 2 \\ -2 & 1 \end{bmatrix}, j = 0 \\ \begin{bmatrix} 1 & 0 \\ -2 & 4 \end{bmatrix}, j = 1, \\ \begin{bmatrix} 1 & 0 \\ -1 & 2 \end{bmatrix}, j = 2 \end{cases} \quad D_{1,j} = \begin{cases} \begin{bmatrix} -2 & 0 \\ -1 & 3 \end{bmatrix}, j = 0 \\ \begin{bmatrix} 4 & 2.5 \\ 0 & -2 \end{bmatrix}, j = 1, \\ \begin{bmatrix} 1 & 4 \\ 2 & 1 \end{bmatrix}, j = 2 \end{cases} \quad E_{1,j} = \begin{cases} \begin{bmatrix} -5 & -51.5 \\ -25 & -56 \end{bmatrix}, j = 0 \\ \begin{bmatrix} -28.5 & -23.5 \\ 24.5 & 55 \end{bmatrix}, j = 1 \\ \begin{bmatrix} -8.5 & -23 \\ 24 & 25 \end{bmatrix}, j = 2 \end{cases}$$

$$A_{2,j} = \begin{cases} \begin{bmatrix} 3 & 1 \\ 7 & 2.5 \end{bmatrix}, j = 0 \\ \begin{bmatrix} -3 & 0.5 \\ -1 & 2.5 \end{bmatrix}, j = 1, \\ \begin{bmatrix} 1.5 & 6 \\ -2 & 3 \end{bmatrix}, j = 2 \end{cases} \quad B_{2,j} = \begin{cases} \begin{bmatrix} 1 & -1 \\ -1.5 & 3 \end{bmatrix}, j = 0 \\ \begin{bmatrix} -1 & -2 \\ 5 & 3 \end{bmatrix}, j = 1, \\ \begin{bmatrix} 1.5 & -1 \\ -2 & 1 \end{bmatrix}, j = 2 \end{cases}$$

$$C_{2,j} = \begin{cases} \begin{bmatrix} -0.5 & 2 \\ -2 & 1 \end{bmatrix}, j = 0 \\ \begin{bmatrix} 1 & 3 \\ -2 & 4 \end{bmatrix}, j = 1, \\ \begin{bmatrix} 1 & 4 \\ 2.5 & -1 \end{bmatrix}, j = 2 \end{cases} \quad D_{1,j} = \begin{cases} \begin{bmatrix} 2 & 3 \\ -1 & 2.5 \end{bmatrix}, j = 0 \\ \begin{bmatrix} 4 & 1.5 \\ 1.5 & -2 \end{bmatrix}, j = 1, \\ \begin{bmatrix} 2 & 4.5 \\ 0.5 & -3 \end{bmatrix}, j = 2 \end{cases} \quad E_{1,j} = \begin{cases} \begin{bmatrix} -5 & -41.5 \\ -37 & -52 \end{bmatrix}, j = 0 \\ \begin{bmatrix} -38.5 & -16.5 \\ 20.5 & 37 \end{bmatrix}, j = 1 \\ \begin{bmatrix} 8.5 & -16 \\ 24 & 43 \end{bmatrix}, j = 2 \end{cases}$$

令初始矩阵 $X_j(0) = 10^{-8} \times I_2$，$Y_j(0) = 10^{-8} \times I_2$，$j = 0, 1, 2$；容许误差 $\varepsilon < 10^{-10}$；利用算法 3.1 就是那矩阵 $X_j(k)$ 和 $Y_j(k)$，并定义迭代误差为

$$\delta_j(k) = \log_{10} \left(\sqrt{\left\| M_j(k) \right\|^2} + \sqrt{\left\| N_j(k) \right\|^2} \right)$$

则其结果如在图 3-1 所示。

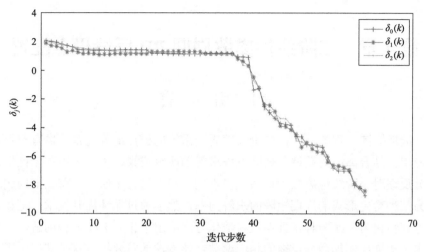

图 3-1　算法 3.1 应用于本例的残差

Figure 3-1　The residual of Algorithm 3.1 applied to Example 3.1

从图 3-1 中我们可以看出，在迭代次数 $k > 61$ 时，迭代误差将小于10^{-8}，这也就是说算法 3.1 的收敛速度与效率是理想的。

3.5　本 章 小 结

在本章中，考虑周期广义耦合 Sylvester 矩阵方程的求解问题，首先给出了该类方程可解的充要条件，然后以"从特殊到一般"的过程给出了求解该方程的迭代算法并对其正确性进行了理论上的分析，证明了所提出的迭代算法可以在有限步内收敛到离散周期广义耦合 Sylvester 矩阵方程的精确数值解。在本章末尾的数值算例充分地说明了所提出算法的收敛性与效率，其收敛速度满足了实际应用的需要，为控制理论和应用数学领域的研究提供了便利。

第 4 章 二阶线性离散周期 PD 反馈极点配置

4.1 引　言

周期矩阵方程的求解在二阶线性周期系统的极点配置问题上也有着重要的应用。结合离散周期调节矩阵方程求解的研究成果，本章采用周期比例加微分反馈对二阶线性离散周期系统极点配置问题进行了研究。首先把问题转化为某种特定形式的周期矩阵的求解问题，然后通过循环提升技术，把该周期方程转化为 LTI 方程，并通过参数化方法给出了相应 LTI 方程的解，进而给出了周期比例加微分反馈的相应增益。该方法的首要特点就是其提供了完全的设计自由度，使得目标系统更多的性能表现成为现实。本章也给出了二阶线性周期系统极点配置的最小范数与鲁棒性考虑。所提出算法的有效性经过了仿真实例的验证。

4.2 二阶线性离散周期系统 PD 反馈极点配置

4.2.1 问题描述与预备知识

二阶线性离散周期系统可以描述如下：

$$q(t+2) - A(t)q(t+1) - C(t)q(t) = B(t)u(t) \tag{4.1}$$

其中，参数矩阵 $A(t)$，$C(t)$，$B(t)$ 均为适当维数的以 T 为周期的矩阵。基于如下形式的周期 PD 状态反馈律：

$$u(t) = K_0(t)q(t) + K_1(t)q(t+1) = K(t)x(t) \tag{4.2}$$

其中，$K(t) = \begin{bmatrix} K_0(t) & K_1(t) \end{bmatrix}$ 为以 T 为周期的控制增益矩阵，$x(t) = \begin{bmatrix} q^{\mathrm{T}}(t) & q^{\mathrm{T}}(t+1) \end{bmatrix}^{\mathrm{T}}$ 为状态向量，相应的闭环系统：

$$x(t+1) = A_c(t)x(t) \tag{4.3}$$

也是一个以 T 为周期的系统。这里，系统矩阵 A_c 被定义如下：

$$A_c \triangleq \begin{bmatrix} 0 & I \\ C(t)+B(t)K_0(t) & A(t)+B(t)K_1(t) \end{bmatrix} \qquad (4.4)$$

显然，闭环系统(4.17)的单值性矩阵为

$$\Phi_{A_c} = A_c(T-1)A_c(T-2)\cdots A_c(0)$$

注释 4.1   周期系统的单值性矩阵的形式有 T 种。为简便起见，本文采用了 $\Phi_{A_c} = \Phi_{A_c}(T-1,0) = A_c(T-1)A_c(T-2)\cdots A_c(0)$ 的形式。单值性矩阵的不同形式不会改变本文的基础结论。

则二阶线性离散周期系统(4.1)在控制律(4.2)控制下的极点配置问题可以被如下问题 4.1。

问题 4.1   给定完全能达的二阶线性离散周期系统(4.1)，找到周期 PD 状态反馈控制增益 $K_0(t)$，$K_1(t)$，$t \in \overline{0,T-1}$，使得闭环系统(4.3)的极点落在指定位置上。

基于上述我们已经讨论过的内容，根据文献[47]，有命题 4.1。

命题 4.1   完全能达的二阶线性离散周期系统(4.1)的周期 PD 状态反馈极点配置问题可以被转化为如下的受限周期调节矩阵方程的求解问题：

$$\begin{cases} V_2(t) = V_1(t+1)F(t) \\ A(t)V_2(t)+B(t)W(t) = V_2(t+1)F(t)-C(t)V_1(t) \end{cases} \qquad (4.5)$$

证明：为了将系统(4.1)的极点配置到 Γ，我们应该寻找一组以 T 为周期的矩阵 $F(t) \in \mathbb{R}^{2n \times 2n}$，使其满足其单值性矩阵 $\Phi_F = F(T-1)F(T-2)\cdots F(0)$ 的特征值集为 Γ。应当注意，为了使系统稳定，Γ 中的元素应在单位圆之内。同时，Γ 需关于实轴对称。接下来，求解该极点配置问题的关键就是寻找以 T 为周期的非奇异矩阵 $V(t) \in \mathbb{R}^{2n \times 2n}$ 和周期 PD 反馈控制律 $K_0(t)$，$K_1(t) \in \mathbb{R}^{r \times n}$ 满足如下关系：

$$V^{-1}(t+1)A_c(t)V(t) = F(t) \qquad (4.6)$$

其中，$A_c(t)$ 由式 (4.4) 给出。显然，式 (4.6) 可以被重新写为

$$V^{-1}(0)\Phi_{A_c}V(0)=\Phi_F \tag{4.7}$$

进一步，将矩阵 $V(t)$ 分块为

$$V(t)=\begin{bmatrix} V_1(t) \\ V_2(t) \end{bmatrix}$$

其中 $V_1(t)$，$V_2(t)\in\mathbb{R}^{n\times 2n}$，并记

$$W(t)=K(t)V(t)\in\mathbb{R}^{r\times 2n}$$

则式 (4.6) 可以被重新写为

$$\begin{cases} V_2(t)=V_1(t+1)F(t) \\ A(t)V_2(t)+B(t)W(t)=V_2(t+1)F(t)-C(t)V_1(t) \end{cases}$$

　　显然，此时二阶线性离散周期系统 (4.1) 的周期 PD 状态反馈极点配置问题已被转化为形如 (4.5) 的受限周期调节矩阵方程的求解问题。

4.2.2　二阶线性离散周期系统参数化极点配置

　　回顾命题 4.1 的结论，二阶线性周期系统 (4.1) 的 PD 状态反馈极点配置问题可以被转化为受限周期调节矩阵方程 (4.5) 的解。利用循环提升技术，周期矩阵方程 (4.5) 可以被变型为提升 LTI 方程。

　　首先，构建如下循环提升矩阵：

$$V_1^{\mathrm{C}}=\begin{bmatrix} 0 & 0 & V_1(1) & 0 & \cdots & 0 \\ 0 & 0 & 0 & V_1(2) & \cdots & 0 \\ \vdots & \vdots & \vdots & 0 & \ddots & \\ 0 & 0 & & \vdots & & V_1(T-2) \\ V_1(T-1) & 0 & 0 & & \cdots & 0 \\ 0 & V_1(0) & 0 & 0 & \cdots & 0 \end{bmatrix} \tag{4.8}$$

$$V_2^{\mathrm{C}} = \begin{bmatrix} 0 & V_2(0) & 0 & 0 & \cdots & 0 \\ 0 & 0 & V_2(1) & 0 & \cdots & 0 \\ & & 0 & V_2(2) & \cdots & 0 \\ \vdots & \vdots & \vdots & 0 & \ddots & \vdots \\ 0 & & & \vdots & & V_2(T-2) \\ V_2(T-1) & 0 & 0 & 0 & \cdots & 0 \end{bmatrix} \quad (4.9)$$

$$W^{\mathrm{C}} = \mathrm{diag}\left\{W(T-1), W(0), W(1), \cdots, W(T-2)\right\} \quad (4.10)$$

和提升系数矩阵

$$A^{\mathrm{C}} = \begin{bmatrix} 0 & 0 & 0 & 0 & \cdots & A(T-1) \\ A(0) & 0 & 0 & 0 & \cdots & 0 \\ 0 & A(1) & 0 & 0 & \cdots & 0 \\ 0 & 0 & A(2) & 0 & \cdots & 0 \\ \vdots & \vdots & \vdots & \ddots & & \vdots \\ 0 & 0 & 0 & \cdots & A(T-2) & 0 \end{bmatrix}$$

$$B^{\mathrm{C}} = \mathrm{diag}\left\{B(T-1), B(0), B(1), \cdots, B(T-2)\right\}$$

$$C^{\mathrm{C}} = \begin{bmatrix} 0 & 0 & \cdots & 0 & C(T-1) & 0 \\ 0 & 0 & 0 & \cdots & 0 & C(0) \\ C(1) & 0 & 0 & 0 & \cdots & 0 \\ 0 & C(2) & 0 & 0 & \cdots & 0 \\ \vdots & \vdots & \ddots & \vdots & & \vdots \\ 0 & 0 & \cdots & C(T-2) & 0 & 0 \end{bmatrix}$$

$$F^{\mathrm{C}} = \begin{bmatrix} 0 & 0 & 0 & 0 & \cdots & F(T-2) \\ F(T-1) & 0 & 0 & 0 & \cdots & 0 \\ 0 & F(0) & 0 & 0 & \cdots & 0 \\ 0 & 0 & F(1) & 0 & \cdots & 0 \\ \vdots & \vdots & \vdots & \ddots & & \vdots \\ 0 & 0 & 0 & \cdots & F(T-3) & 0 \end{bmatrix}$$

则，易得循环提升时不变方程可以被表示如下：

$$\begin{cases} V_2^C = V_1^C F^C \\ A^C V_2^C + B^C W^C = V_2^C - C^C V_1^C \end{cases} \tag{4.11}$$

将式(4.11)的上式代入下式，则得到二阶广义提升 Sylvester 矩阵方程：

$$V_1^C \left(F^C \right)^2 - A^C V_1^C \left(F^C \right) - C^C V_1^C = B^C W^C \tag{4.12}$$

注释 4.2　根据循环提升的性质，采用不同的起始时刻，对系统的解矩阵和参数矩阵进行循环提升所得到的循环提升矩阵应有 T 种形式。本文仅列出了其中一种。若采用其他 $T\text{-}1$ 种循环提升形式，对最终得到的周期反馈增益矩阵并没有影响。

对求解方程(4.11)，本文首先引入如下定义：

定义 4.1　当一组多项式矩阵 $N(z) \in \mathbb{R}^{n \times r}[z]$ 和 $D(z) \in \mathbb{R}^{r \times r}[z]$ 满足

$$\text{rank}\begin{bmatrix} N(z) \\ D(z) \end{bmatrix} = r$$

则称多项式矩阵对 $N(z)$ 和 $D(z)$ 是右互质的。

引理 4.1[48]**(右互质分解定理)**　对于给定的具有适当维数的矩阵 A, C, B 和任意复变量 z ，如果存在两个适当维数的幺模阵 $P(z)$ 和 $Q(z)$ 满足

$$P(z)\begin{bmatrix} z^2 I_n - zA - C & -B \end{bmatrix} Q(z) = \begin{bmatrix} I_n & 0 \end{bmatrix} \tag{4.13}$$

且将多项式矩阵 $Q(z)$ 分解为

$$Q(z) = \begin{bmatrix} * & N(z) \\ * & D(z) \end{bmatrix}, \quad N(z) \in \mathbb{R}^{n \times r}[z], \quad D(z) \in \mathbb{R}^{r \times r}[z] \tag{4.14}$$

则所获得的多项式矩阵对 $N(z)$ 和 $D(z)$ 是右互质的。

这里，我们引入关于求解二阶 Sylvester 矩阵方程的算法，其主要内容如下。

引理 4.2[49]　给定二阶 Sylvester 矩阵方程

$$MVF^2 + DVF + KV = BW \tag{4.15}$$

其中，$M, K, D \in \mathbb{R}^{n \times n}$, $B \in \mathbb{R}^{n \times r}$, $F \in \mathbb{R}^{p \times p}$ 。令 $z^2 M + zD + K$ 和 B 为左互质

的且满足:

$$\left(z^2M + zD + K\right)^{-1} B = N(z)D(z)^{-1} \tag{4.16}$$

进一步, 令

$$N(z) = \sum_{i=0}^{\omega} N_i z^i, \ N_i \in \mathbb{R}^{n \times r}, \ D(z) = \sum_{i=0}^{\omega} D_i z^i, \ D_i \in \mathbb{R}^{r \times r}$$

则, 有如下两个命题成立:

1. 二阶 Sylvester 矩阵方程(4.15)的解可被如下形式给出

$$V = \sum_{i=0}^{\omega} N_i ZF^i, \ W = \sum_{i=0}^{\omega} D_i ZF^i \tag{4.17}$$

其中, Z 为自由参数矩阵;

2. 当且仅当 $N(z)$ 和 $D(z)$ 是右互质的, 方程(4.15)的解可被刻画如式(4.17)。

基于以上讨论, 我们现在再一次关注二阶提升 Sylvester 矩阵方程(4.12)。根据引理 4.2, 求解式(4.12)的关键点就在于获得多项式矩阵对 $N(z)$ 和 $D(z)$。根据引理 4.1 做右互质分解使得

$$\left(z^2 I_{Tn} - zA^{\mathrm{C}} - C^{\mathrm{C}}\right)^{-1} B^{\mathrm{C}} = N(z)D^{-1}(z) \tag{4.18}$$

成立来获得右互质多项式矩阵 $N(z)$ 和 $D(z)$。

进一步, 令

$$N(z) = \sum_{i=0}^{\omega} N_i z^i, \ N_i \in \mathbb{R}^{Tn \times Tr}, \ D(z) = \sum_{i=0}^{\omega} D_i z^i, \ D_i \in \mathbb{R}^{Tr \times Tr} \tag{4.19}$$

其中 ω 为多项式矩阵 $N(z)$ 和 $D(z)$ 中元素最高项次数, N_i 和 D_i 分别为相应的系数矩阵。则二阶提升 Sylvester 矩阵方程(4.12)的解可立即得到

$$\begin{cases} V_1^{\mathrm{C}} = \sum_{i=0}^{\omega} N_i Z(F^{\mathrm{C}})^i \in \mathbb{R}^{Tn \times 2Tn} \\ W^{\mathrm{C}} = \sum_{i=0}^{\omega} D_i Z(F^{\mathrm{C}})^i \in \mathbb{R}^{Tr \times 2Tn} \end{cases} \tag{4.20}$$

其中, 矩阵 Z 为适当维数的随机矩阵。

那么，本书就可以提出一个显而易见的命题，其证明从略。

命题 4.2　若矩阵对 $\left(V_1^{\mathrm{C}}, W^{\mathrm{C}}\right)$ 是二阶提升 Sylvester 矩阵方程 (4.12) 的解，则受限周期调节矩阵方程 (4.5) 的解可从如下方法获得。

1. 根据

$$W^{\mathrm{C}} = \mathrm{diag}\left\{W(T-1),\ W(0),\ W(1),\ \cdots,\ W(T-2)\right\} \in \mathbb{R}^{Tr \times 2Tn} \tag{4.21}$$

和

$$V_1^{\mathrm{C}} = \begin{bmatrix} 0 & 0 & V_1(1) & 0 & \cdots & 0 \\ 0 & 0 & 0 & V_1(2) & \ddots & 0 \\ \vdots & \vdots & 0 & 0 & \ddots & 0 \\ 0 & 0 & \vdots & 0 & \ddots & V_1(T-2) \\ V_1(T-1) & 0 & 0 & \vdots & \ddots & 0 \\ 0 & V_1(0) & 0 & 0 & \cdots & 0 \end{bmatrix} \in \mathbb{R}^{Tn \times 2Tn} \tag{4.22}$$

对得到的提升时不变矩阵进行分块，可得到

$$W(t) \in \mathbb{R}^{r \times 2n},\ t = 0,\ 1,\ \cdots,\ T-1$$

$$V_1(t) \in \mathbb{R}^{n \times 2n},\ t = 0,\ 1,\ \cdots,\ T-1$$

2. 计算

$$V_2(t) = V_1(t+1)F(t),\ t = 0,\ 1,\ \cdots,\ T-1 \tag{4.23}$$

则最终得到受约束的调节矩阵方程 (4.5) 的解 $V_1(t)$，$V_2(t)$ 和 $W(t)$，$t = 0,1,\cdots$，$T-1$。

构建

$$V(t) = \begin{bmatrix} V_1(t) \\ V_2(t) \end{bmatrix} \in \mathbb{R}^{2n \times 2n},\ t = 0,\ 1,\ \cdots,\ T-1 \tag{4.24}$$

并计算矩阵

$$K(t) = W(t)V(t)^{-1} \in \mathbb{R}^{r \times 2n},\ t = 0,\ 1,\ \cdots,\ T-1 \tag{4.25}$$

则周期 PD 反馈增益 $K_0(t)$，$K_1(t) \in \mathbb{R}^{r \times n}$ 可通过解构矩阵 $K(t)$ 获得

$$K(t) = \begin{bmatrix} K_0(t) & K_1(t) \end{bmatrix} \in \mathbb{R}^{r \times 2n}, \ t = 0,\ 1,\ \cdots,\ T-1 \qquad (4.26)$$

这里就涉及线性离散周期系统的结构属性。

引理 4.3[50]　周期系统 (A, C, B) 在 $t = t_0$ 时刻的能达子空间与其相应提升时不变系统 (A^C, C^C, B^C)。

基于上述讨论，关于问题 4.1 本书有了如下结论：

定理 4.1　给定完全能达的二阶线性离散周期系统 (4.1)，其关于问题 4.1 的解可由式 (4.21)～(4.26) 完全刻画。

为方便起见，本节提供了求解问题 4.1 的详细的算法 4.1。

算法 4.1　（二阶线性离散周期系统参数化极点配置）

1. 根据式 (4.11) 构建提升时不变系数矩阵 A^C, C^C, B^C 和实约当标准型矩阵 F^C；

2. 根据式 (4.18) 求解多项式矩阵 $N(z) \in \mathbb{R}^{Tn \times Tr}$ 和 $D(z) \in \mathbb{R}^{Tr \times Tr}$，进一步地根据式 (4.19) 求解实数阵 N_i 和 $D_i, i \in \overline{0, \omega}$；

3. 根据式 (4.20)，给定自由参数矩阵 $Z \in \mathbb{R}^{Tr \times 2Tn}$，计算 V_1^C 和 W^C；

4. 分别根据式 (4.21) 和 (4.22) 获得周期矩阵 $W(t)$ 和 $V(t), t \in \overline{0, T-1}$，并根据式 (4.23) 计算周期矩阵 $V_2(t), t \in \overline{0, T-1}$；

5. 根据式 (4.24)～(4.26) 计算周期 PD 状态反馈增益 $K_0(t), K_1(t), \ t \in \overline{0, T-1}$。

注释 4.3　算法 4.1 不包含循环，所以其计算复杂度仅为 $O(1)$。然而，算法 4.1 中重要的一步为将原二阶线性周期系统的模型转化为相应的循环提升 LTI 模型。而对于该 LTI 模型，其维数 $\sum n_i$ 将要远大于原系统的维数 n_i。这就要求了更高的计算存储空间。因此，循环提升 LTI 模型的降维与实现将是下一步研究的重点。

4.2.3　鲁棒性考虑

上一小节给出的参数化方法给出了对二阶线性离散周期系统极点配置问题的显式解。通过对周期反馈增益 $K_0(t)$，$K_1(t)$，$t \in \overline{0, T-1}$ 施加一些额外的

条件，自由参数矩阵 Z 就可以用来实现一些其他的系统性能，例如控制增益的最小范数实现和鲁棒性能等。从实践的角度看，控制增益要求有较小的范数，因为小增益意味着小的控制信号，并因此降低控制器的能量损耗。从鲁棒性角度看，小信号有利于减小噪声信号的放大，因此小增益也是鲁棒的。在此考虑下，先引入了如下指标函数：

$$J_1(Z) = \sum_{t=0}^{T-1} \|K_0(t)\|_{\mathrm{F}}^2 + \sum_{t=0}^{T-1} \|K_1(t)\|_{\mathrm{F}}^2$$

在另一方面，欲配置的闭环极点应对于系统矩阵数据中的干扰尽可能地不敏感。文献[36]准确地阐述了一个刻画闭环系统极点对未知干扰敏感度的度量。

引理 4.4[36]　令 $\Phi = A(T-1)A(T-2)\cdots A(0) \in \mathbb{R}^{n\times n}$ 是可对角化的，$Q \in \mathbb{C}^{n\times n}$ 是一个非奇异矩阵满足 $\Phi = Q^{-1}\Lambda Q \in \mathbb{R}^{n\times n}$，其中 $\Lambda = \mathrm{diag}\{\lambda_1, \lambda_2, \cdots, \lambda_n\}$ 是 Φ 的约当标准型。对于一个实数 $\varepsilon > 0$，$\Delta_i(\varepsilon) \in \mathbb{R}^{n\times n}, i \in \overline{0, T-1}$ 是关于 ε 的矩阵函数，满足

$$\lim_{\varepsilon \to 0^+} \frac{\Delta_i(\varepsilon)}{\varepsilon} = \Delta_i$$

其中，$\Delta_i, i \in \overline{0, T-1}$ 为数矩阵。对于矩阵

$$\Phi(\varepsilon) = \left(A(T-1) + \Delta_{T-1}(\varepsilon)\right)\left(A(T-2) + \Delta_{T-2}(\varepsilon)\right)\cdots\left(A(0) + \Delta_0(\varepsilon)\right)$$

的任意特征值 λ，有如下关系成立：

$$\min_i\{|\lambda_i - \lambda|\} \leqslant \varepsilon n \kappa_{\mathrm{F}}(Q)\left(\sum_{i=0}^{T-1} \|A(i)\|_{\mathrm{F}}^{T-1}\right)\max_i\{\|\Delta_i\|_{\mathrm{F}}\} + O(\varepsilon^2) \tag{4.27}$$

从式(4.27)可以看出，闭环系统极点对未知干扰敏感度的指标函数可以选取为

$$J_2(Z) = \kappa_{\mathrm{F}}(V(0))\sum_{i=0}^{T-1} \|A_c(t)\|_{\mathrm{F}}^{T-1}$$

其中，$V(0)$ 由式(4.7)给出。在最小范数与扰动抑制方面综合考虑，对 $J_1(Z)$ 和 $J_2(Z)$ 采取折中：

$$J(Z) = \alpha J_1(Z) + (1-\alpha)J_2(Z)$$

其中，$0 \leqslant \alpha \leqslant 1$ 是权重因子。

为清晰起见，本节给出了关于二阶线性离散周期系统鲁棒和最小范数极点配置的一个详细的算法 4.2。

算法 4.2　（鲁棒和最小范数极点配置）

1. 根据式 (4.11) 构建提升时不变系数矩阵 A^C，C^C，B^C 和实约当标准型矩阵 F^C；

2. 根据式 (4.18) 求解多项式矩阵 $N(z) \in \mathbb{R}^{Tn \times Tr}$ 和 $D(z) \in \mathbb{R}^{Tr \times Tr}$，进一步地根据式 (4.19) 求解实数阵 N_i 和 D_i，$i \in \overline{0, \omega}$；

3. 根据式 (4.24) ~ (4.26) 计算周期 PD 状态反馈增益 $K_0(t)$，$K_1(t)$，$t \in \overline{0, T-1}$。

4. 根据梯度搜索算法求解优化问题

$$\text{Minimize } J(Z)$$

并获得优化决策矩阵 Z_{opt}。

5. 将 Z_{opt} 代入 (4.20)，根据式 (4.24) ~ (4.26) 计算鲁棒和最小范数反馈增益 $K_0(t)$，$K_1(t)$，$t \in \overline{0, T-1}$。

4.2.4　数值算例

例 4.1　考虑具有如下参数的二阶线性离散周期系统 (4.1)：

$$A(t) = \begin{cases} \begin{bmatrix} 0 & 1 \\ 3 & 1 \end{bmatrix}, t = 3k \\ \begin{bmatrix} 1 & 0 \\ 0 & 1 \end{bmatrix}, t = 3k+1 \\ \begin{bmatrix} 1 & 3 \\ 0 & 1 \end{bmatrix}, t = 3k+2 \end{cases} \quad B(t) = \begin{cases} \begin{bmatrix} 0 \\ 1 \end{bmatrix}, t = 3k \\ \begin{bmatrix} 1 \\ 0 \end{bmatrix}, t = 3k+1 \\ \begin{bmatrix} 1 \\ 0 \end{bmatrix}, t = 3k+2 \end{cases} \quad C(t) = \begin{cases} \begin{bmatrix} 1 & 1 \\ 0 & 2 \end{bmatrix}, t = 3k \\ \begin{bmatrix} 1 & 0 \\ 0 & 1 \end{bmatrix}, t = 3k+1 \\ \begin{bmatrix} 2 & 1 \\ 1 & 0 \end{bmatrix}, t = 3k+2 \end{cases}$$

其中，$k = 0, 1, \cdots$，显然，此二阶线性离散周期系统为完全能达的。欲将极点配置为 $\Gamma = \{-0.1 \pm 0.1i, -0.1 \pm 0.15i\}$。令 $F(3t)$，$t = 0, 1, 2, \cdots$ 为闭环系统的实约

当标准型，$F(3t+1)$，$F(3t+2)$，$t=0,1,\cdots$ 为相应维数的单位矩阵，即

$$F(t)=\begin{cases}\begin{bmatrix}-0.1 & -0.15 & & \\ -0.15 & -0.1 & & \\ & & -0.1 & 0.15 \\ & & 0.15 & -0.1\end{bmatrix},t=3k\\[2em]\begin{bmatrix}1 & & & \\ & 1 & & \\ & & 1 & \\ & & & 1\end{bmatrix},t=3k+1\\[2em]\begin{bmatrix}1 & & & \\ & 1 & & \\ & & 1 & \\ & & & 1\end{bmatrix},t=3k+2\end{cases},\quad k=0,1,2,\cdots$$

使得 $\Phi=F(T-1)F(T-2)\cdots F(0)$ 的特征值集为 Γ。根据式(4.18)可得到一组右互质多项式矩阵 $N(z)$ 和 $D(z)$：

$$N(z)=\begin{bmatrix}1 & 0 & 0\\ 0 & z & 0\\ 0 & z^3 & -z\\ 0 & -1 & z\\ 0 & z^5-z^2 & -z^3-1\\ 0 & 0 & 1\end{bmatrix},\quad D(z)=\begin{bmatrix}z^2 & -z^6-z^3+1 & z^4-z\\ -3z & -2z^2 & z^3-2\\ -1 & z^7-2z^4 & -z^5\end{bmatrix}.$$

根据式(4.19)可以得到

$$N_0=\begin{bmatrix}1 & 0 & 0\\ 0 & 0 & 0\\ 0 & 0 & 0\\ 0 & -1 & 0\\ 0 & 0 & -1\\ 0 & 0 & 0\end{bmatrix},\quad N_1=\begin{bmatrix}0 & 0 & 0\\ 0 & -1 & 0\\ 0 & 0 & -1\\ 0 & 0 & 1\\ 0 & 0 & 0\\ 0 & 0 & 0\end{bmatrix},\quad N_2=\begin{bmatrix}0 & 0 & 0\\ 0 & 0 & 0\\ 0 & 0 & 0\\ 0 & 0 & 0\\ 0 & -1 & 0\\ 0 & 0 & 0\end{bmatrix},$$

$$N_3 = \begin{bmatrix} 0 & 0 & 0 \\ 0 & 0 & 0 \\ 0 & -1 & 0 \\ 0 & 0 & 0 \\ 0 & 0 & -1 \\ 0 & 0 & 0 \end{bmatrix}, \quad N_4 = \begin{bmatrix} 0 & 0 & 0 \\ 0 & 0 & 0 \\ 0 & 0 & 0 \\ 0 & 0 & 0 \\ 0 & 0 & 0 \\ 0 & 0 & 0 \end{bmatrix}, \quad N_5 = \begin{bmatrix} 0 & 0 & 0 \\ 0 & 0 & 0 \\ 0 & 0 & 0 \\ 0 & 0 & 0 \\ 0 & -1 & 0 \\ 0 & 0 & 0 \end{bmatrix}$$

和

$$D_0 = \begin{bmatrix} 0 & 1 & 0 \\ 0 & 0 & -2 \\ -1 & 0 & 0 \end{bmatrix}, \quad D_1 = \begin{bmatrix} 0 & 0 & -1 \\ -3 & 0 & 0 \\ 0 & 0 & 0 \end{bmatrix}, \quad D_2 = \begin{bmatrix} 1 & 0 & 0 \\ 0 & -2 & 0 \\ 0 & 0 & 0 \end{bmatrix}, \quad D_3 = \begin{bmatrix} 0 & -1 & 0 \\ 0 & 0 & 1 \\ 0 & 0 & 0 \end{bmatrix},$$

$$D_4 = \begin{bmatrix} 0 & 0 & 1 \\ 0 & 0 & 0 \\ 0 & -2 & 0 \end{bmatrix}, \quad D_5 = \begin{bmatrix} 0 & 0 & 0 \\ 0 & 0 & 0 \\ 0 & 0 & -1 \end{bmatrix}, \quad D_6 = \begin{bmatrix} 0 & -1 & 0 \\ 0 & 0 & 0 \\ 0 & 0 & 0 \end{bmatrix}, \quad D_7 = \begin{bmatrix} 0 & 0 & 0 \\ 0 & 0 & 0 \\ 0 & 0 & -1 \end{bmatrix}$$

随机产生参数矩阵 $Z \in \mathbb{R}^{3 \times 12}$，根据式(4.20)，计算

$$\begin{cases} V_1^C = \sum_{i=0}^{4} N_i Z (F^C)^i \\ W^C = \sum_{i=0}^{7} D_i Z (F^C)^i \end{cases}$$

则产生一组特解

$$V(t) = \begin{cases} \begin{bmatrix} -7.7175 & -8.2050 & -6.1400 & -8.4000 \\ 8.0000 & 9.0000 & 7.0000 & 9.0000 \\ -1.3000 & 0.6500 & -0.7000 & 0.7000 \\ 1.8000 & -0.7500 & 0.7000 & -0.3000 \end{bmatrix}, & t = 3k \\ \\ \begin{bmatrix} 7.0000 & 4.0000 & 7.0000 & 0 \\ -9.0000 & -6.0000 & -5.0000 & -2.0000 \\ -6.2000 & -9.7500 & -6.3000 & -9.3000 \\ 17.0000 & 15.0000 & 12.0000 & 11.0000 \end{bmatrix}, & t = 3k+1, \ k = 0,1,\cdots \\ \\ \begin{bmatrix} -6.2000 & -9.7500 & -6.3000 & -9.3000 \\ 17.0000 & 15.0000 & 12.0000 & 11.0000 \\ -7.7175 & -8.2050 & -6.1400 & -8.4000 \\ 8.0000 & 9.0000 & 7.0000 & 9.0000 \end{bmatrix}, & t = 3k+2 \end{cases}$$

和

$$W(t) = \begin{cases} \begin{bmatrix} -17.8500 & -18.1500 & -14.9000 & -19.7000 \end{bmatrix}, & t = 3k \\ \begin{bmatrix} -8.5175 & -2.4550 & -6.8400 & 0.9000 \end{bmatrix}, & t = 3k+1 \\ \begin{bmatrix} -22.1825 & -13.6450 & -14.9600 & -10.3000 \end{bmatrix}, & t = 3k+2 \end{cases} \quad k = 0, 1, \cdots$$

最终，我们可以得到

$$K(t) = \begin{cases} \begin{bmatrix} -1.5499 & -3.4781 & -3.6150 & -3.7144 \end{bmatrix}, & t = 3k \\ \begin{bmatrix} -0.8627 & -1.0033 & -1.1988 & -1.1141 \end{bmatrix}, & t = 3k+1 \\ \begin{bmatrix} -2.7869 & -1.0660 & -1.7191 & -4.3258 \end{bmatrix}, & t = 3k+2 \end{cases} \quad k = 0, 1, \cdots$$

和如下的周期 PD 反馈控制增益：

$$K_0(t) = \begin{cases} \begin{bmatrix} -1.5499 & -3.4781 \end{bmatrix}, & t = 3k \\ \begin{bmatrix} -0.8627 & -1.0033 \end{bmatrix}, & t = 3k+1 \\ \begin{bmatrix} -2.7869 & -1.0660 \end{bmatrix}, & t = 3k+2 \end{cases} \quad k = 0, 1, \cdots$$

$$K_1(t) = \begin{cases} \begin{bmatrix} -3.6150 & -3.7144 \end{bmatrix}, & t = 3k \\ \begin{bmatrix} -1.1988 & -1.1141 \end{bmatrix}, & t = 3k+1 \\ \begin{bmatrix} -1.7191 & -4.3258 \end{bmatrix}, & t = 3k+2 \end{cases} \quad k = 0, 1, \cdots$$

将具有上述参数的周期 PD 状态反馈控制律 (4.2) 带入原周期系统 (4.1)，设初始状态为 $q(0) = \begin{bmatrix} -5 & 5 \end{bmatrix}^T$，其状态相应曲线如图 4-1 所示。

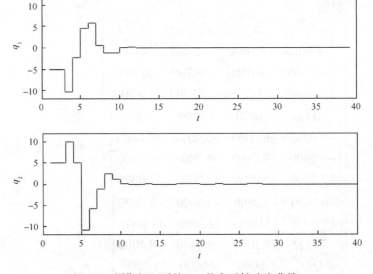

图 4-1　周期闭环系统 PD 状态反馈响应曲线

Figure 4-1　State responses of the closed-loop system by periodic PD state-feedback

从图 4-2 中我们可以得出，所得到的闭环周期系统的极点配置是有效的。

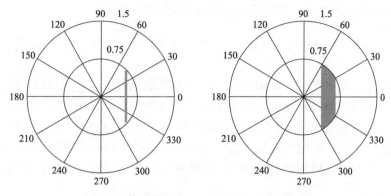

图 4-2　扰动等级为 0.005 时闭环系统极点图

Figure 4-2　Perturbed eigenvalues of the close-loop system with $\mu = 0.005$

例 4.2　在本例中，我们将考虑所提出的鲁棒和最小范数极点配置算法在 SISO 情况下的效率。考虑具有如下参数的二阶线性离散周期系统(4.1)：

$$A(t) = \begin{cases} 2.5, t = 3k \\ 1, t = 3k+1 \\ 1.5, t = 3k+2 \end{cases}, \quad B(t) = \begin{cases} 1, t = 3k \\ 0, t = 3k+1 \\ 1.5, t = 3k+2 \end{cases}, \quad C(t) = \begin{cases} 0.5, t = 3k \\ 2, t = 3k+1 \\ 1, t = 3k+2 \end{cases}$$

其中，$k = 0, 1, \cdots$，且预配置的极点集为 $\Gamma = \{-0.5 \pm 0.5i\}$。将这些参数带入算法 4.1 可得到如下的周期 PD 状态反馈增益：

$$K_{\text{rand0}}(t) = \begin{cases} -1.1594, t = 3k \\ -4.9740, t = 3k+1 \\ -0.4139, t = 3k+2 \end{cases}, \quad K_{\text{rand1}}(t) = \begin{cases} 19.1761, t = 3k \\ 1.0668, t = 3k+1 \\ -1.1847, t = 3k+2 \end{cases}$$

设 $\alpha = 0.5$ 并将数据带入算法 4.6 可得到如下的周期 PD 状态反馈增益：

$$K_{\text{robu0}}(t) = \begin{cases} 0.0199, t = 3k \\ -0.0392, t = 3k+1 \\ -0.9872, t = 3k+2 \end{cases}, \quad K_{\text{robu1}}(t) = \begin{cases} -3.6036, t = 3k \\ 0.1005, t = 3k+1 \\ -1.0376, t = 3k+2 \end{cases}$$

令范数指标为 $\|K\| = \sqrt{\sum_{t=0}^{T-1} \|K_0(t)\|^2 + \sum_{t=0}^{T-1} \|K_1(t)\|^2}$，分别对 K_{rand} 和 K_{robu} 进行计算，可得 $\|K\|_{\text{rand}} = 19.9128$ 而 $\|K\|_{\text{robu}} = 3.8778$。这也就是说算法 4.4 对

于周期 PD 反馈增益的最小实现是有效的。

在鲁棒性意义上，继续采用文献[46]中的指标函数：

$$d_\mu\left(\Delta(k)\right) = \max_{1 \leqslant i \leqslant 2}\left\{\left|\lambda_i\left\{\left(A_c(2) + \mu\Delta(2)\right)\left(A_c(1) + \mu\Delta(1)\right)\left(A_c(0) + \mu\Delta(0)\right)\right\}\right|\right\}$$

针对 K_{rand} 和 K_{robu} 在 $\mu = 0.005$ 时做 2000 次随机试验。K_{rand} 的最差值与平均值数据分别为 0.7721（相对误差为 9.19%）和 0.7055（相对误差为 0.23%）；与之对比，K_{robu} 的最差值与平均值数据分别为 0.7204（相对误差为 1.88%）和 0.7070（相对误差为 0.015%）。本算例的极点图如图 4-4 所示，其中左边为 K_{robu} 而右边为 K_{rand}。易得，鲁棒周期 PD 反馈增益 K_{robu} 的表现要比随机增益 K_{rand} 的好。

4.3　本　章　小　结

本章采用 PD（比例加微分）反馈考虑了二阶线性离散周期系统的参数化极点配置和鲁棒极点配置问题。基于循环提升原理，将该问题转化为对受限的调节矩阵方程的求解问题。依据以往的工作，把首先的调节矩阵方程转化为二阶 Sylvester 矩阵方程的求解问题并得到显式的参数化解，从而完成了对二阶线性离散周期系统的极点配置目标。利用参数化方法中的自由参数矩阵，进一步给出了二阶线性离散周期系统的鲁棒极点配置算法。通过对几个数值算例进行仿真分析，验证了本章所提出的所有方法的正确性与有效性。

第5章 具有时变状态和输入维数的
LDP 系统的极点配置

5.1 引 言

具有时变状态和输入维数的 LDP 系统,这是一类更广泛意义下的 LDP 系统。从理论上来看,传统的具有定常状态和输入维数的 LDP 系统是它的一个特例。人们对这类系统的兴趣可以归结为以下几个原因:

首先,在工程实践中,有很多实际问题可以建模成这类特殊的周期系统,例如,采用多速率或多路复用控制输入,离散线性时不变系统或具有固定状态维数的周期系统就可以建模为这样的周期系统。

其次,由于周期系统的最小实现通常具有时变状态维度,很多研究人员希望开发一些算法,可用于分析和设计具有时变状态或输入维数的周期系统。因此对具有时变状态和输入维数的线性离散周期系统的研究更具理论价值。

再次,具有不同状态和输入维数的周期系统以很自然的方式出现在一些计算问题中[3],例如低阶动态补偿器的干扰抑制问题和异步采样系统的数字最优降阶补偿器的综合问题。

最后,具有时变状态和输入维数的线性周期系统为线性周期性或时不变对象的各种控制问题提供了统一的状态空间建模框架。

因此这类周期系统是一种更广泛更一般意义下的线性周期系统,对其进行研究,具有重要的理论意义和工程实践价值。众所周知,极点配置是矫正系统动态特性最有效的方法之一。因此,本章对具有时变状态和输入维数的 LDP 系统的极点配置问题进行研究。

在本章中,分别采用周期状态反馈和周期输出反馈对具有时变状态和输入维数的 LDP 系统进行极点配置控制律的综合,给出了参数化求解算法,并进一步利用参数化算法中提供的设计自由度,考虑了该类系统的鲁棒控制器设计问题。

5.2 变维 LDP 系统的周期状态反馈极点配置

5.2.1 问题形成和准备工作

给定具有时变状态和输入维数的线性离散周期系统存在如下形式的表达式：

$$x(t+1) = A(t)x(t) + B(t)u(t) \tag{5.1}$$

其中，$t \in \mathbb{Z}$，$x(t) \in \mathbb{R}^{n(t)}$ 为状态变量，$u(t) \in \mathbb{R}^{p(t)}$ 是控制输入变量；$A(t) \in \mathbb{R}^{n(t+1) \times n(t)}$，$B(t) \in \mathbb{R}^{n(t+1) \times p(t)}$ 是周期为 T 的矩阵，即 $A(t+T) = A(t)$，$B(t+T) = B(t)$，并且 $p(t), n(t) \in \mathbb{Z}^+$（正整数集合）是周期为 T 的函数，即 $p(t+T) = p(t)$，$n(t+T) = n(t)$。

显然，线性离散系统在一个周期内的单值性矩阵

$$\Phi_A(t+T, t) := A(t+T-1)A(t+T-2)\cdots A(t) \in \mathbb{R}^{n(t) \times n(t)} \tag{5.2}$$

的特征值是否在单位圆内，决定了系统的稳定性。

当 $p(t) = p, n(t) = n$ 时，系统 (5.1) 就转变成时不变系统并且其单值性矩阵的极点不随时间 t 的变化而变化。然而，当系统 (3-1) 具有不同的维数时，情况就不是这样了。显然，如果 $t \neq k$，则 $\Phi_A(t+T, t) \neq \Phi_A(k+T, k)$。$\Phi_A(t+T, t)$ 的极点个数随着初始时刻 t 的变化而变化，$\Phi_A(k+T, k)$ 的维数是 $n(k) \times n(k)$。那么，在一个周期内不同单值性矩阵的极点之间存在怎样的关系？下面这个出自文献[1]的引理，将会回答这个问题。

引理 5.1 对于任意整数 k 和 h

$$\det\left[\lambda I_{n(k)} - \Phi_A(k+T, k)\right] = \lambda^{n(k)-n(h)} \det\left[\lambda I_{n(h)} - \Phi_A(h+T, h)\right]$$

定义

$$n_m := \min_{t \in [0, T-1]} n(t), \quad n_M := \max_{t \in [0, T-1]} n(t)$$

根据以上引理，定义 $\Phi_A(t+T, t)$ 的频谱为 $\sigma(\Phi_A(t+T, t))$，其中，零元素的个数为 $n(t) - n_m$。此外，定义 $\Phi_A(t+T, t)$ 的中心谱为 $\sigma_0(\Phi_A(t+T, t))$，中心谱中的非零元素的位置反映了系统的稳定性。

引入如下形式的周期反馈律:

$$u(t) = K(t)x(t), \quad K(t) \in \mathbb{R}^{p(t) \times n(t)}, t \in \mathbb{Z} \tag{5.3}$$

其中, $K(t)$ 是满足 $K(t) = K(t+T)$ 的实数矩阵, 将状态反馈作用到系统(5.1)上得到的闭环系统是一个周期为 T 的具有时变状态和输入维数的线性离散系统。闭环系统的单值性矩阵为

$$\Phi_{A_c}(t+T,t) := A_c(t+T-1)A_c(t+T-2)\cdots A_c(t) \in \mathbb{R}^{n(t) \times n(t)} \tag{5.4}$$

其中

$$A_c(i) \triangleq A(i) + B(i)K(i), \quad i \in \overline{t, t+T-1} \tag{5.5}$$

　　我们关心的问题是在一个周期内通过反馈律(5.3)配置单值性矩阵的中心谱, 可以把具有时变状态和输入维数的 LDP 的状态反馈极点配置问题, 归纳如下。

问题 5.1　给定线性离散周期系统(5.1), 对任意一个由 n_m 个关于实轴对称的复数组成的特征值集合 Γ, 寻找周期反馈律(5.3)使得单值性矩阵的中心谱配置到特征值集合 Γ。

　　关于这个问题的可解性, 我们可以引用文献[51]给出的结论。

引理 5.2　如果系统(5.1)完全能达, 存在反馈律(5.3)使得中心谱 $\sigma_0(\Phi_A(t+T,t))$ 与特征值集合 Γ 一致, 其中, 非零元素以复数共轭对的形式出现。

　　下面, 介绍一种广义的 Sylvester 矩阵方程, 这对后文内容的研究具有重要的作用。

　　考虑如下形式的广义 Sylvester 矩阵方程:

$$AV - VF + BW = 0 \tag{5.6}$$

其中, 系数矩阵 $A \in \mathbb{R}^{n \times n}$, $B \in \mathbb{R}^{n \times r}$, $F \in \mathbb{R}^{n \times n}$ 是常数矩阵, $V \in \mathbb{R}^{n \times n}$, $W \in \mathbb{R}^{r \times n}$ 是未知矩阵并且 $W = XV$。

　　引入如下多项式矩阵分解:

$$(zI - A)^{-1}B = N(z)D^{-1}(z) \tag{5.7}$$

其中, $N(z) \in \mathbb{R}^{n \times r}$, $D(z) \in \mathbb{R}^{r \times r}$ 是右互质多项式矩阵。记

$$D(z) = \left[d_{i\,j}(z) \right]_{r \times r}, \quad N(z) = \left[n_{i\,j}(z) \right]_{n \times r}, \quad \omega = \max\{\omega_1, \omega_2\}$$

其中

$$\omega_1 = \max_{i,j \in 1,r}\left\{\deg(d_{i\,j}(z))\right\}, \quad \omega_2 = \max_{i,\in 1,n,j=1,r}\left\{\deg(n_{i\,j}(z))\right\}$$

则，$D(z)$，$N(z)$ 可以写成如下形式：

$$\begin{cases} N(z) = \sum\limits_{i=0}^{\omega} N_i z^i, \quad N_i \in C^{n \times r} \\ D(z) = \sum\limits_{i=0}^{\omega} D_i z^i, \quad D_i \in C^{r \times r} \end{cases} \tag{5.8}$$

引理 5.3　假定矩阵对 (A,B) 是能控的，其中 $A \in \mathbb{R}^{n \times n}$，$B \in \mathbb{R}^{n \times r}$，矩阵 $N(s) \in \mathbb{R}^{n \times n}[z]$，$D(s) \in \mathbb{R}^{r \times r}[z]$ 是一对满足 (5.7) 的右互质矩阵且 $N(s)$，$D(s)$ 具有展开式 (5.8)。对实矩阵 $F \in \mathbb{R}^{n \times n}$，Sylvester 矩阵方程 (5.6) 的参数解，以如下形式表示：

$$\begin{cases} V(Z) = N_0 Z + N_1 Z F + \cdots + N_\omega Z F^\omega \\ W(Z) = D_0 Z + D_1 Z F + \cdots + D_\omega Z F^\omega \end{cases} \tag{5.9}$$

其中，$Z \in \mathbb{R}^{r \times n}$ 是一个随机选取的参数矩阵，代表了存在于解 ($V(Z)$，$W(Z)$) 中的自由度。

5.2.2　参数化极点配置算法

在本小节，提出了两种参数极点配置算法对具有时变状态和输入维数的线性离散周期系统进行极点配置，这两种参数算法都是基于求解周期 Sylvester 矩阵方程实现的。

5.2.2.1　参数极点配置算法 I

令 $\Gamma = \left\{ s_i, s_i \in \mathbb{C}, i \in \overline{1,n_m} \right\}$ 是关于实轴对称的并且是闭环系统想要配置的的单值性矩阵 $\Phi_A(t+T,t)$ 的中心谱集合。$F \in \mathbb{R}^{n_m \times n_m}$ 是给定的实数矩阵，其特征值集合 $\sigma(F) = \Gamma$，k_0 是任意的正整数并且 $n(k_0) = n_m$。显然，中心谱 $\sigma_0(\Phi_{A_c}(t+T,t)) = \Gamma$ 成立的条件是当且仅当存在一个非奇异矩阵 $V \in \mathbb{R}^{n_m \times n_m}$，满足

$$\Phi_{A_c}(k_0 + T, k_0)V = VF \tag{5.10}$$

于是，问题 5.1 可以转化成以下问题。

问题 5.2　给定完全能达的线性离散周期系统 (5.1) 和实矩阵 $F \in \mathbb{R}^{n_m \times n_m}$，寻找反馈律 $K(t) \in \mathbb{R}^{p(t) \times n(t)}$，$t \in \overline{k_0, k_0 + T - 1}$，使得非奇异矩阵 $V \in \mathbb{R}^{n_m \times n_m}$ 满足关系式 (5.10)。

进一步，定义

$$A^{\mathrm{L}} = \varPhi_A(k_0 + T, k_0) = A(k_0 + T - 1)A(k_0 + T - 2)\cdots A(k_0) \tag{5.11}$$

$$B^{\mathrm{L}} = \begin{bmatrix} \varPhi_A(k_0 + T, k_0 + 1)B(k_0) & \varPhi_A(k_0 + T, k_0 + 2)B(k_0 + 1)\cdots \\ \varPhi_A(k_0 + T, k_0 + T)B(k_0 + T - 1) & \end{bmatrix} \tag{5.12}$$

其中，$A^{\mathrm{L}} \in \mathbb{R}^{n_m \times n_m}$，$B^{\mathrm{L}} \in \mathbb{R}^{n_m \times \sum_{t=k_0}^{k_0+T-1} p(t)}$。考虑到闭环系统的单值性矩阵 $\varPhi_{A_c}(k_0 + T, k_0)$ 是在一个完整的周期内，可以发现如下的客观事实。

定理 5.1　给定单值性矩阵 $\varPhi_{A_c}(k_0 + T, k_0)$，矩阵 $A^{\mathrm{L}}, B^{\mathrm{L}}$ 为方程式 (5.11)，(5.12) 所示，可以获得如下关系式：

$$\varPhi_{A_c}(k_0 + T, k_0) = A^{\mathrm{L}} + B^{\mathrm{L}} X \tag{5.13}$$

其中，X 的表达式为

$$X = \begin{bmatrix} K(k_0) \\ K(k_0 + 1)\varPhi_{A_c}(k_0 + 1, k_0) \\ \vdots \\ K(k_0 + T - 1)\varPhi_{A_c}(k_0 + T - 1, k_0) \end{bmatrix} \tag{5.14}$$

证明：我们将采用数学归纳法来对其进行证明。

首先，$T = 2$

$$\begin{aligned}
& \varPhi_{A_c}(k_0 + 2, k_0) \\
= {} & A_c(k_0 + 1)A_c(k_0) \\
= {} & (A_c(k_0 + 1) + B(k_0 + 1)K(k_0 + 1))(A(k_0) + B(k_0)B(k_0)) \\
= {} & A(k_0 + 1)A(k_0) + A(k_0)B(k_0)K(k_0) + B(k_0 + 1)K(k_0)(A(k_0) + B(k_0)K(k_0)) \\
= {} & A(k_0 + 1)A(k_0) + \begin{bmatrix} A(k_0 + 1)B(k_0) & B(k_0 + 1) \end{bmatrix} \begin{bmatrix} K(k_0) \\ K(k_0)\varPhi_{A_c}(k_0 + 1, k_0) \end{bmatrix}
\end{aligned}$$

当 $T = 2$ 时，关系式 (5.13) 成立。

假定当 $T = \omega - 1$ 时，关系式 (5.13) 成立。需要验证，当 $T = \omega$ 时，关系式 (5.13) 成立

通过假定，可以获得如下关系式：

$$\Phi_{A_c}(k_0 + \omega - 1, k_0) = \Phi_A(k_0 + \omega - 1, k_0) + [\Phi_A(k_0 + \omega - 1, k_0 + 1)B(k_0)$$
$$\Phi_A(k_0 + \omega - 1, k_0 + 2)B(k_0 + 1) \cdots B(k_0 + \omega - 2)]$$

$$\times \begin{bmatrix} K(k_0) \\ K(k_0)\Phi_{A_c}(k_0 + 1, k_0) \\ \vdots \\ K(k_0 + \omega - 2)\Phi_{A_c}(k_0 + \omega - 2, k_0) \end{bmatrix}$$

当 $T = \omega$ 时

$$\Phi_{A_c}(k_0 + \omega, k_0)$$
$$= A_c(k_0 + \omega - 1)\Phi_{A_c}(k_0 + \omega - 1, k_0)$$
$$= (A(k_0 + \omega - 1) + B(k_0 + \omega - 1)K(k_0 + \omega - 1))\Phi_{A_c}(k_0 + \omega - 1, k_0)$$
$$= A(k_0 + \omega - 1)\Phi_{A_c}(k_0 + \omega - 1, k_0) + B(k_0 + \omega - 1)K(k_0 + \omega - 1))$$
$$\times \Phi_{A_c}(k_0 + \omega - 1, k_0)$$
$$= \Phi_A(k_0 + \omega - 1, k_0) + [\Phi_A(k_0 + \omega, k_0 + 1)B(k_0) \quad \Phi_A(k_0 + \omega, k_0 + 2)B(k_0 + 1)$$
$$\cdots \Phi_A(k_0 + \omega, k_0 + \omega - 1)B(k_0 + \omega - 1)] \begin{bmatrix} K(k_0) \\ K(k_0)\Phi_{A_c}(k_0 + 1, k_0) \\ \vdots \\ K(k_0 + \omega - 2)\Phi_{A_c}(k_0 + \omega - 2, k_0) \end{bmatrix}$$
$$+ B(k_0 + \omega - 1)K(k_0 + \omega - 1)\Phi_{A_c}(k_0 + \omega - 1, k_0)$$
$$= \Phi_A(k_0 + \omega, k_0) + [\Phi_A(k_0 + \omega, k_0 + 1)B(k_0) \quad \Phi_A(k_0 + \omega, k_0 + 2)B(k_0 + 1) \cdots$$
$$\Phi_A(k_0 + \omega, k_0 + \omega - 1)B(k_0 + \omega - 1) \quad B(k_0 + \omega - 1)]$$
$$\times \begin{bmatrix} K(k_0) \\ K(k_0)\Phi_{A_c}(k_0 + 1, k_0) \\ \vdots \\ K(k_0 + \omega - 2)\Phi_{A_c}(k_0 + \omega - 2, k_0) \\ K(k_0 + \omega - 1)\Phi_{A_c}(k_0 + \omega - 1, k_0) \end{bmatrix}$$
$$= A^L + B^L X$$

因此，根据上述结论可以证明关系式(5.13)成立。

将方程式(5.13)和(5.10)相结合，可以得到如下关系式：

$$A^{\mathrm{L}}V - VF + B^{\mathrm{L}}XV = 0 \qquad (5.15)$$

令

$$XV = W \qquad (5.16)$$

于是，方程(5.15)就转化成如下关系式：

$$A^{\mathrm{L}}V - VF + B^{\mathrm{L}}W = 0 \qquad (5.17)$$

显然，矩阵方程(5.17)就可以写为 Sylvester 矩阵方程(5.6)的形式。令矩阵 $(A^{\mathrm{L}}, B^{\mathrm{L}})$ 代替 (A, B)，计算方程(5.7)～(5.9)，可以得到方程(5.17)的参数解：

$$\begin{cases} V_*(Z) = N_0 Z + N_1 ZF + \cdots + N_\omega ZF^\omega \\ W_*(Z) = D_0 Z + D_1 ZF + \cdots + D_\omega ZF^\omega \end{cases} \qquad (5.18)$$

其中，参数矩阵 Z 是一个随机矩阵。根据关系式(5.16)，可以得到

$$X = W_*(Z)V_*^{-1}(Z) \qquad (5.19)$$

此外，将 X 分块为如下形式：

$$X(Z) = \begin{bmatrix} X_1^{\mathrm{T}} & X_2^{\mathrm{T}} & \cdots & X_T^{\mathrm{T}} \end{bmatrix}^{\mathrm{T}} \qquad (5.20)$$

通过方程(5.14)，可以获得如下关系式：

$$X_1 = K(k_0)$$
$$X_2 = K(k_0 + 1)A_c(k_0)$$
$$\vdots$$
$$X_T = K(k_0 + T - 1) \prod_{j=k_0+T-2}^{k_0} A_c(j)$$

因此，还可以进一步得到

$$\begin{cases} K(k_0) = X_1 \\ K(k_0 + i) = X_{i+1}\left(\left(\displaystyle\prod_{j=k_0+i-1}^{k_0} A_c(j)\right)^{\mathrm{T}}\left(\displaystyle\prod_{j=k_0+i-1}^{k_0} A_c(j)\right)\right)^{-1}\left(\displaystyle\prod_{j=k_0+i-1}^{k_0} A_c(j)\right)^{\mathrm{T}} \\ \det\left(\left(\displaystyle\prod_{j=k_0+i-1}^{k_0} A_c(j)\right)^{\mathrm{T}}\left(\displaystyle\prod_{j=k_0+i-1}^{k_0} A_c(j)\right)\right) \neq 0, i \in \overline{1, T-1} \end{cases} \quad (5.21)$$

注释 5.1　　k_0 是一个满足 $n(k_0) = n_m$ 的正整数，也就是说系统在 k_0 时刻具有最小维数。仅在这种条件下，存在 $K(k_0 + i)$，$i \in \overline{1, T-2}$ 使得关系式 (5.21) 成立，因为非齐次线性方程组的解受到其秩的约束。

定理 5.2　　给定系统 (5.1)，使其完全能达。可以通过方程式 $(5.18) \sim (5.21)$ 把问题 5.2 中的 $K(t) \in \mathbb{R}^{p(t) \times n(t)}$，$t \in \overline{k_0, k_0 + T-1}$ 求解出来。

注释 5.2　　当系统 (5.1) 转变为线性离散时不变系统时，对于任何时刻都有 $n(t) = n$。对于问题 5.2 中 $K(t)$ 的求解表达式，可以转化为如下形式：

$$\begin{cases} K(k_0) = X_1 \\ K(k_0 + i) = X_{i+1}\displaystyle\prod_{j=k_0}^{k_0+i-1} A_c(j)^{-1}, \det(A_c(i)) \neq 0, i \in \overline{1, T-1} \end{cases}$$

此时，矩阵 $A_c(j)$，$j \in \overline{k_0, k_0 + T-1}$ 全都是方阵，对于 $K(t)$ 的参数法求解与文献[52]中的完全一致。

算法 5.1　　（变维 LDP 系统的参数化极点配置算法 I）

1. 对具有时变状态和输入维数的线性离散周期系统 (5.1) 进行检验，如果能达，进入下一步；否则，算法失效。

2. 根据欲配置的单值性矩阵的中心谱 $\Gamma = \left\{s_i, s_i \in C, i \in \overline{1, n_m}\right\}$，构造一个约旦标准型矩阵 F 并且使得 F 的维数为 n_m 且 $\sigma(F) = \Gamma$。

3. 寻找 k_0，使得 $n(k_0) = n_m$。根据 (5.11)，(5.12)，计算 A^{L}，B^{L}。

4. 用 A^{L}，B^{L} 代替 A，B，根据方程式 (5.8) 求解右互质矩阵 $N(z), D(z)$。根据方程式 (5.18)，计算 $V_*(Z)$，$W_*(Z)$。

5. 通过方程式 (5.19)，计算 $X(Z)$。

6. 根据式 (5.20)，将 $X(Z)$ 分块得到 X_i，$i \in \overline{1,T}$。

7. 通过方程式 (5.21)，计算周期反馈律 $K(k_0 + j)$，$j \in \overline{0,T-1}$。

5.2.2.2　参数极点配置算法 II

根据第一种参数配置算法中将极点配置问题和 Sylvester 矩阵方程相结合的思想，我们又提出了另一种方法对极点进行配置。

相似的，想要配置的闭环系统单值性矩阵的中心谱集合为 $\Gamma = \{s_i, s_i \in \mathbb{C},$ $i \in \overline{1,n_m}\}$。$F \in \mathbb{R}^{n(t+1) \times n(t)}$ 是周期为 T 的周期矩阵并且矩阵 $F(k_0 + T - 1) \cdots$ $F(k_0)$ 的特征值集合为 Γ。此时，k_0 也是一个满足 $n(k_0) = n_m$ 的任意正整数，为了使得闭环系统获到欲配置的特征值，矩阵 $\Phi_{A_c}(k_0 + T, k_0)$ 和 $\Phi_F(k_0 + T, k_0)$ 具有如下形式：

$$\Phi_{A_c}(k_0 + T, k_0) = A_c(k_0 + T - 1)A_c(k_0 + T - 2)\cdots A_c(k_0)$$
$$\Phi_F(k_0 + T, k_0) = F(k_0 + T - 1)F(k_0 + T - 2)\cdots F(k_0)$$

存在非奇异周期矩阵 $V(t) \in \mathbb{R}^{n(t+1) \times n(t)}$ 使得

$$V^{-1}(t+1)A_c(t)V(t) = F(t), V(t+T) = V(t), t \in \overline{k_0, k_0 + T - 1} \quad (5.22)$$

同理，问题 5.1 可以转化成如下问题：

问题 5.3　给定完全能达的 LDP 系统 (5.1)，闭环系统想要配置的中心谱集合 Γ 是关于实轴对称的，寻找矩阵 $V(t) \in \mathbb{R}^{n(t+1) \times n(t)}$，$K(t) \in \mathbb{R}^{p(t) \times n(t)}$，$t \in \overline{k_0, k_0 + T - 1}$ 使得方程式 (5.22) 成立。

为了使周期矩阵方程 (5.22) 成立，对其进行如下形式的变形：

$$A(t)V(t) - V(t+1)F(t) + B(t)K(t)V(t) = 0, V(t+T) = V(t), t \in \overline{k_0, k_0 + T - 1}$$

令

$$W(t) = -K(t)V(t) \quad (5.23)$$

得

$$A(t)V(t) - V(t+1)F(t) - B(t)W(t) = 0 \quad (5.24)$$

其中，$A(t) \in \mathbb{R}^{n(t+1)\times n(t)}$，$B(t) \in \mathbb{R}^{n(t+1)\times p(t)}$，$F(t) \in \mathbb{R}^{n(t+1)\times n(t)}$ 是系数矩阵，$V(t) \in \mathbb{R}^{n(t)\times n(t)}$，$W(t) \in \mathbb{R}^{p(t)\times n(t)}$ 是周期为 T 的未知矩阵。当系数矩阵 $A(t)$，$B(t)$，$F(t)$ 变成时不变矩阵时，上述周期时变矩阵方程就变成时不变矩阵方程，对于时不变线性系统极点配置算法可以借鉴线性时变系统的极点配置算法。

定理 5.3　令 k_0 满足 $n(k_0) = n_m$，如果 $F^{\mathrm{T}}(t)F(t)$ 是非奇异矩阵（其中 $t \in \overline{k_0, k_0+T-2}$），求解周期矩阵方程 (5.24) 可以通过如下形式的矩阵方程：

$$\begin{cases} A^{\mathrm{L}}V(k_0) - V(k_0)\Phi_F(k_0+T, k_0) = B^{\mathrm{L}}W \\ V(k_0+i) = (A(k_0+i-1)V(k_0+i-1) - B(k_0+i-1)W(k_0+i-1)) \\ \quad \times (F^{\mathrm{T}}(k_0+i-1)F(k_0+i-1))^{-1}F^{\mathrm{T}}(k_0+i-1), i \in \overline{1, T-1} \end{cases} \tag{5.25}$$

其中

$$W = \begin{bmatrix} W_0^{\mathrm{T}} & W_1^{\mathrm{T}} & \cdots & W_{T-1}^{\mathrm{T}} \end{bmatrix}^{\mathrm{T}} \tag{5.26}$$

$$W_j = W_j \Phi_F(k_0+j, k_0), \ j \in \overline{0, T-1} \tag{5.27}$$

$A^{\mathrm{L}}, B^{\mathrm{L}}$ 由矩阵方程式 (5.11) 和 (5.12) 给定。

证明：对于周期矩阵方程 (5.24)，只需求解矩阵 $V(t)$，$W(t)$，$t \in \overline{k_0, k_0+T-1}$ 并且方程的求解，需要从 k_0 时刻开始，此时，矩阵方程的维数最小。于是，得到

$$A(k_0)V(k_0) - V(k_0)F(k_0) = B(k_0)W(k_0) \tag{5.28}$$
$$\vdots$$

$$A(k_0+T-3)V(k_0+T-3) - V(k_0+T-2)F(k_0+T-3) \\ = B(k_0+T-3)W(k_0+T-3) \tag{5.29}$$

$$A(k_0+T-2)V(k_0+T-3) - V(k_0+T-1)F(k_0+T-2) \\ = B(k_0+T-2)W(k_0+T-2) \tag{5.30}$$

$$A(k_0+T-1)V(k_0+T-1) - V(k_0)F(k_0+T-1) \\ = B(k_0+T-1)W(k_0+T-1) \tag{5.31}$$

因此，可以得到

$$\begin{aligned}
&\Phi_A(k_0+T,k_0+T-2)V(k_0+T-2)-V(k_0)\Phi_F(k_0+T,k_0+T-2)\\
&=\Phi_A(k_0+T,k_0+T-1)B(k_0+T-2)W(k_0+T-2)\\
&\quad+B(k_0+T-1)W(k_0+T-1)F(k_0+T-2)
\end{aligned}$$

进一步，还可以获得

$$\begin{aligned}
&\Phi_A(k_0+T,k_0+T-3)V(k_0+T-3)-V(k_0)\Phi_F(k_0+T,k_0+T-3)\\
&=\Phi_A(k_0+T,k_0+T-2)B(k_0+T-3)W(k_0+T-3)\\
&\quad+B(k_0+T-1)W(k_0+T-2)F(k_0+T-2)F(k_0+T-3)
\end{aligned}$$

同理，可以得到

$$\begin{aligned}
&\Phi_A(k_0+T,k_0)V(k_0)-V(k_0)\Phi_F(k_0+T,k_0)\\
&=\sum_{j=0}^{T-1}\Phi_A(k_0+T,k_0+j+1)B(k_0+j)W(k_0+j)\Phi_F(k_0+j,k_0)
\end{aligned} \tag{5.32}$$

结合方程式 (5.26)，(5.27)，(5.11)，(5.12)，方程式 (5.32) 等价于方程式 (5.25) 的第一个式子。同时，结合非奇异矩阵 $F^{\mathrm{T}}(t)F(t)$，$t \in \overline{k_0,k_0+T-2}$，方程式 (5.24) 就等价于方程式 (5.25) 的第二个式子。通过证明，等式成立。

注释 5.3　通过上述定理可知，矩阵方程式 (5.25) 的解一定是 (5.24) 的解而方程式 (5.24) 的解不一定是 (5.25) 的解。如果方程式 (5.24) 的系数矩阵的维数恒定并且 $F(t)$ 是非奇异矩阵，那么方程式 (5.25) 和 (5.24) 具有完全一致的解，文献 [59] 对此进行过论证。

显然，方程式 (5.25) 的第一个式子等价于关系式 (5.6)，根据引理 5.3，可以得出方程式 (5.25) 的解。于是，用矩阵 $(A^{\mathrm{L}},B^{\mathrm{L}},\Phi_F(k_0+T,k_0))$ 代替矩阵 (A,B,F) 计算方程 (5.7)～(5.9) 可以获得方程式 (5.25) 的参数解，如下形式：

$$\begin{cases}
V(k_0)=N_0Z+N_1Z\Phi_F(k_0+T,k_0)+\cdots+N_\omega Z\Phi_F^\omega(k_0+T,k_0)\\
W(Z)=D_0Z+D_1Z\Phi_F(k_0+T,k_0)+\cdots+D_\omega Z\Phi_F^\omega(k_0+T,k_0)
\end{cases} \tag{5.33}$$

其中，Z 是维数兼容的任意参数矩阵。结合方程式 (5.25)～(5.27)，可以得到

方程式(5.24)的参数解如下形式:

$$
\begin{cases}
V(k_0) = \sum_{i=0}^{\omega} N_i Z \Phi_F^i(k_0+i, k_0) \\
W(k_0+i) = W(k_0+i) \Phi_F^{-1}(k_0+i, k_0), i \in \overline{0, T-1} \\
V(k_0+i) = (A(k_0+i-1)V(k_0+i-1)) - B(k_0+i-1)W(k_0+i-1)F^{-1}(k_0+i-1), \\
i \in \overline{0, T-1}
\end{cases}
$$

$$(5.34)$$

其中, $W = \begin{bmatrix} W_0^{\mathrm{T}} & W_1^{\mathrm{T}} & \cdots & W_{T-1}^{\mathrm{T}} \end{bmatrix}^{\mathrm{T}} = \sum_{i=0}^{\omega} D_i Z \Phi_F^i(k_0+T, k_0)$, Z 是随机参数矩阵。

注释 5.4　k_0 是一个满足 $n(k_0) = n_m$ 的任意正整数,计算矩阵方程 A^{L} 时,必须从 k_0 时刻开始,依次获得矩阵 $V(k_0), V(k_0+1), \cdots, V(k_0+T-1)$ 。

定理 5.4　给定线性离散系统(5.1),使其完全能达。令 k_0 是一个满足 $n(k_0) = n_m$ 的任意正整数并且 $F(t) \in \mathbb{R}^{n(t+1) \times n(t)}$ 是周期为 T 的矩阵方程并且 $F(k_0+T-1), \cdots,$ $F(k_0)$ 的特征值集合为 Γ ,对于问题 5.3 中的参数解,可以通过方程式(5.23),(5.34)获得。

算法 5.2　（变维 LDP 系统的参数化极点配置算法 II）

1. 对线性离散周期系统(5.1)进行检验,如果系统完全能达,进入下一步;如果不能达,算法失效。

2. 寻找 k_0 ,使得 $n(k_0) = n_m$ 。根据(5.11), (5.12),计算矩阵 $A^{\mathrm{L}}, B^{\mathrm{L}}$ 。

3. 构造矩阵 $F(t) \in \mathbb{R}^{n(t+1) \times n(t)}, t \in \overline{K_0, K_0+T-1}$, 使得 $\sigma(F(k_0+T-1), \cdots,$ $F(k_0)) = \Gamma$ 。

4. 用 $A^{\mathrm{L}}, B^{\mathrm{L}}$ 代替 A, B ,根据方程式(5.8)求解右互质矩阵 $N(z), D(z)$ 。根据方程式(5.33),计算 $V(k_0), W$ 。

5. 通过方程式(5.34),计算矩阵 $V(t), W(t), t \in \overline{k_0, k_0+T-1}$ 。

6. 计算周期反馈律 $K(k_0+j), j \in \overline{0, T-1}$, 通过方程式:

$$
K(k_0+j) = -W(k_0+j) \left[V^{\mathrm{T}}(k_0+j) V(k_0+j) \right]^{-1} V^{\mathrm{T}}(k_0+j)
$$

5.2.3　鲁棒状态反馈极点配置

事实上，由于存在测量误差和其他不确定性扰动，系统矩阵受到的扰动是不可避免的。有时候，系统参数发生一些微小的变化就会给闭环系统的配置带来很大的误差。鲁棒极点配置可以大大减少这一误差，使系统更加稳定。因此，对于它的讨论很有意义。为了使系统具有一般特性，给定具有扰动的闭环周期系统矩阵为如下形式：

$$A(t) + B(t)K(t) \mapsto A(t) + B(t)K(t) + \Delta_t(\varepsilon), t \in \overline{0, T-1} \tag{5.35}$$

其中，$\Delta_t(\varepsilon) \in \mathbb{R}^{n(t+1) \times n(t)}, t \in \overline{0, T-1}$ 是矩阵函数，满足

$$\lim_{\varepsilon \to 0^+} \frac{\Delta_t(\varepsilon)}{\varepsilon} = \Delta_t$$

其中，$\Delta_t \in \mathbb{R}^{n(t+1) \times n(t)}, t \in \overline{0, T-1}$ 是常矩阵，从 k_0 到 $k_0 + T$ 时刻，受扰动的闭环系统的单值性矩阵为

$$\begin{aligned}
\Phi_{A_c}(\varepsilon) = {} & (A_c(k_0 + T - 1) + B(k_0 + T - 1)K(k_0 + T - 1) \\
& + \Delta_{k_0 + T - 1}(\varepsilon)) \cdots (A_c(0) + B(0)K(0) + \Delta_0(\varepsilon))
\end{aligned} \tag{5.36}$$

基于上述极点问题，线性离散系统(5.1)的鲁棒极点配置问题，可以归纳如下。

问题 5.4　给定线性离散周期系统(5.1)，闭环系统欲配置的中心谱集合 Γ 是关于实轴对称的，找到满足如下条件的周期控制律(5.3)：

1. 闭环系统的单值性矩阵的中心谱集合为 Γ；
2. 单值性矩阵 $\Phi_{A_c}(\varepsilon)$ 对于 ε 的微小变化，尽可能的不受影响。

鲁棒极点配置问题的关键在于使得闭环系统欲配置的极点在随机扰动下，尽可能的不受影响。这需要选择一个灵敏度指标来表征闭环系统受到的不确定性扰动，以下命题会对该灵敏度指标作出详细阐述。

命题 5.1　令闭环系统的单值性矩阵 $\Phi_{A_c}(k_0 + T, k_0) \in \mathbb{R}^{n_m \times n_m}$ 是对角化矩阵，$Q \in \mathbb{C}^{n_m \times n_m}$ 是非奇异矩阵，满足 $\Phi_{A_c}(k_0 + T, k_0) = Q^{-1} \Lambda Q$ 并且 $\Lambda = \text{diag}\{\lambda_1 \quad \lambda_2$ $\lambda_n\}$ 是矩阵 $\Phi_{A_c}(k_0 + T, k_0)$ 的约旦标准型。实标量 $\varepsilon > 0$，$\Delta_{k_0+i}(\varepsilon) \in \mathbb{R}^{n(k_0+i+1) \times n(k_0+i)}, i \in \overline{0, T-1}$ 是关于 ε 的矩阵函数并且满足：

$$\lim_{\varepsilon \to 0^+} \frac{\Delta_{k_0+i}(\varepsilon)}{\varepsilon} = \Delta_{k_0+i} \tag{5.37}$$

其中，$\Delta_{k_0+i}(\varepsilon) \in \mathbb{R}^{n(k_0+i+1)\times n(k_0+i)}$，$i \in \overline{0, T-1}$ 是常矩阵。对矩阵

$$\begin{aligned}\Phi_{A_c}(\varepsilon) &= (A(k_0+T-1) + \Delta_{k_0+T-1}(\varepsilon))(A(k_0+T-2)\\ &\quad + \Delta_{k_0+T-2}(\varepsilon))\cdots(A(k_0) + \Delta_{k_0}(\varepsilon))\end{aligned}$$

的任意特征值 λ，满足如下关系式：

$$\min\{|\lambda_i - \lambda|\} \leqslant \varepsilon n_m \kappa_F(Q)\left(\sum_{t=0}^{T-1}\|A(k_0+i)\|_F^{T-1}\right)\max_i\{\|\Delta_i\|_F\} + O(\varepsilon^2) \tag{5.38}$$

依据 (5.38) 式对鲁棒极点配置问题进行处理时，闭环系统的中心谱 $\Phi_{A_c}(\varepsilon)$ 关于扰动 Δ_{k_0+i}，$i \in \overline{0, T-1}$ 的灵敏度一般可以用如下指标衡量：

$$J_1(Z) \triangleq \kappa_F(V)\sum_{i=0}^{T-1}\|A_c(k_0+i)\|_F^{T-1} \tag{5.39}$$

其中，非奇异矩阵 V 满足关系式 (5.10)，F 具有想要配置的特征值并且是实矩阵。通过命题 5.1，可以得出一个结论：在关系式 (5.39) 中，特征值矩阵应该是 VG，F 是实矩阵，J 是 F 的约当标准型矩阵，它们和矩阵 G 满足关系式 $G^{-1}FG = J$。然而，$\kappa_F(V)$ 和 $\kappa_F(VG)$ 测量单值性矩阵特征值灵敏度的效果是一样的。相似的，通过问题 5.3 的陈述，上述鲁棒性能指标还可以调整为如下形式：

$$J_2(Z) \triangleq \kappa_F(V(k_0))\sum_{i=0}^{T-1}\|A_c(k_0+i)\|_F^{T-1} \tag{5.40}$$

结合上节内容中提到的两种参数化极点配置算法，相对应的提出两种鲁棒极点配置算法。

算法 5.3 （鲁棒极点配置算法 I）

1. 验证给定的系统是否完全能达。如果可以，进行下一步；否则，算法失效。

2. 根据欲配置的中心谱集合 $\Gamma = \{s_i, s_i \in \mathbb{C}, i \in \overline{1, n_m}\}$ 并且 Γ 是关于实轴

对称的，构造矩阵 $F \in \mathbb{R}^{n_m \times n_m}$ 使得 $\sigma(F) = \Gamma$ 。

3. 寻找 k_0 ，使得 $n(k_0) = n_m$ 。根据式 (5.11)，(5.12)，计算 A^{L} ， B^{L} 。

4. 用 A^{L} ， B^{L} 代替 A ， B ，根据方程式 (5.8) 求解右互质矩阵 $N(z)$ ， $D(z)$ 。

5. 通过矩阵方程 (5.18)～(5.21)，构造矩阵函数 V ， $K(i)$ ， $i \in \overline{1, T-1}$ 的广义表达式。

6. 根据梯度搜索算法，求解约束优化问题

$$\text{Minimize} J_1(Z)$$

得到优化决策矩阵 Z_{opt} 。

7. 把矩阵 Z_{opt} 代入方程式 (5.18)～(5.21)，计算鲁棒周期反馈增益矩阵 $K_{\mathrm{opt}}(k_0 + j)$ ， $j \in \overline{0, T-1}$ 。

算法 5.4 （鲁棒极点配置算法 II）

1. 验证给定的系统是否完全能达。如果可以，进行下一步；否则，算法失效。

2. 寻找 k_0 ，使得 $n(k_0) = n_m$ 。根据式 (5.11)，(5.12)，计算 $A^{\mathrm{L}}, B^{\mathrm{L}}$ 。

3. 构造矩阵 $F(t) \in \mathbb{R}^{n(t+1) \times n(t)}$ ， $t \in \overline{K_0, K_0 + T - 1}$ ，使得 $\sigma(F(k_0 + T - 1) \cdots F(k_0)) = \Gamma$ 。

4. 用 $A^{\mathrm{L}}, B^{\mathrm{L}}$ 代替 A, B ，根据方程式 (5.8) 求解右互质矩阵 $N(z), D(z)$ 。

5. 通过矩阵方程 (5.33)～(5.34)，随机选取参数矩阵 Z 得到矩阵 $V(t)$ ， $W(t)$ ， $t \in \overline{k_0, k_0 + T - 1}$ 的表达式。

6. 根据梯度搜索算法，求解约束优化问题

$$\text{Minimize} J_2(Z)$$

得到优化决策矩阵 Z_{opt} 。

7. 把矩阵 Z_{opt} 代入方程式 (5.33)～(5.34)，计算矩阵 $V_{\mathrm{opt}}(t)$ ， $W_{\mathrm{opt}}(t)$ $t \in \overline{k_0, k_0 + T - 1}$ 。

8. 计算鲁棒周期反馈增益矩阵 $K_{\mathrm{opt}}(k_0 + j)$ ， $j \in \overline{0, T-1}$ ，根据下面公式：

$$K_{\mathrm{opt}}(k_0 + j) = -W_{\mathrm{opt}}(k_0 + j)\left[V_{\mathrm{opt}}^{\mathrm{T}}(k_0 + j)V_{\mathrm{opt}}(k_0 + j)\right]^{-1}V_{\mathrm{opt}}^{\mathrm{T}}(k_0 + j)$$

5.2.4　数值算例

本节将会给出两个数值算例来对参数极点配置算法和鲁棒状态反馈极点配置算法的正确性和有效性进行验证。

例 5.1　考虑如下所示的周期为 3 的线性离散系统：

$$x(t+1) = A(t)x(t) + B(t)u(t)$$

其中，系数矩阵为已知矩阵，如下所示：

$$A_t = \begin{cases} \begin{bmatrix} 1 & 0 & 0 \\ 0 & 1 & 0 \\ 1 & 1 & 2 \\ 1 & 0 & 1 \end{bmatrix}, t=3k \\ \begin{bmatrix} 1 & 1 & 2 & 1 \\ 0 & 1 & 0 & 1 \end{bmatrix}, t=3k+1 \\ \begin{bmatrix} 1 & 0 \\ -1 & 2 \\ 0 & -1 \end{bmatrix}, t=3k+2 \end{cases}, \quad B_t = \begin{cases} \begin{bmatrix} -2 & 0 \\ 0 & 0 \\ 1 & 1 \\ 1 & 0 \end{bmatrix}, t=3k \\ \begin{bmatrix} 1 & 1 \\ -1 & 0 \end{bmatrix}, t=3k+1 \\ \begin{bmatrix} 0 & 0 \\ -5 & 0 \\ 3 & 0 \end{bmatrix}, t=3k+2 \end{cases}$$

其中，k 是非负正整数。系数矩阵的最小维数 n_m 为 2，想要配置的闭环系统的单值性矩阵的特征值为 $-0.5 \pm 0.5\mathrm{i}$。通过上述系统矩阵可以验证系统完全能达并且得出 $k_0 = 2$，根据关系式 (5.11)，(5.12) 得出

$$A^{\mathrm{L}} = A(4)A(3)A(2) = \begin{bmatrix} 1 & 1 \\ 0 & 1 \end{bmatrix}$$

$$B^{\mathrm{L}} = \begin{bmatrix} A(4)A(3)B(2) & A(4)B(3) & B(4) \end{bmatrix} = \begin{bmatrix} 0 & 0 & 1 & 2 & 1 & 1 \\ -2 & 0 & 1 & 0 & -1 & 0 \end{bmatrix}$$

根据想要配置的中心谱集合 $\varGamma$，构造闭环系统的实约旦标准型矩阵 F：

$$F = \begin{bmatrix} -\dfrac{1}{2} & -\dfrac{1}{2} \\ \dfrac{1}{2} & \dfrac{1}{2} \end{bmatrix}$$

根据参数极点配置算法，可以获得一对满足方程式 (5.7) 的右互质多项式

矩阵：

$$
D(s) = \begin{bmatrix} 0 & 0 & 1 & 0 & 0 & 0 \\ 0 & 0 & 0 & 1 & 0 & 0 \\ 0 & 0 & 0 & 0 & 1 & 0 \\ 0 & 0 & 0 & 0 & 0 & 1 \\ 0 & 1-s & -2 & 0 & 1 & 0 \\ s-1 & s-2 & 2 & 0 & -2 & -2 \end{bmatrix}, \quad N(s) = \begin{bmatrix} 1 & 0 & 0 & 0 & 0 & 0 \\ 0 & 1 & 0 & 0 & 0 & 0 \end{bmatrix}
$$

因此

$$
D_0 = \begin{bmatrix} 0 & 0 & 1 & 0 & 0 & 0 \\ 0 & 0 & 0 & 1 & 0 & 0 \\ 0 & 0 & 0 & 0 & 1 & 0 \\ 0 & 0 & 0 & 0 & 0 & 1 \\ 0 & 1 & -2 & 0 & 1 & 0 \\ -1 & -2 & 2 & 0 & -2 & -2 \end{bmatrix}, \quad D_0 = \begin{bmatrix} 0 & 0 & 0 & 0 & 0 & 0 \\ 0 & 0 & 0 & 0 & 0 & 0 \\ 0 & 0 & 0 & 0 & 0 & 0 \\ 0 & 0 & 0 & 0 & 0 & 0 \\ 0 & -1 & 0 & 0 & 0 & 0 \\ 1 & 1 & 0 & 0 & 0 & 0 \end{bmatrix}, \quad N(s) = \begin{bmatrix} 1 & 0 \\ 0 & 1 \\ 0 & 0 \\ 0 & 0 \\ 0 & 0 \\ 0 & 0 \end{bmatrix}^{\mathrm{T}}
$$

随机选取参数矩阵 Z 如下形式，完成算法的其余步骤：

$$
Z = \begin{bmatrix} 1 & 1 \\ 2 & 1 \\ 1 & 4 \\ 3 & 2 \\ 0 & 0 \\ 0 & 1 \end{bmatrix}, \quad Z' = \begin{bmatrix} 1 & 0 \\ 2 & 5 \\ 0 & 4 \\ 3 & 1 \\ 0 & 2 \\ 1 & 1 \end{bmatrix}, \quad Z'' = \begin{bmatrix} 1 & 5 \\ 2 & 4 \\ 4 & 1 \\ 2 & 1 \\ 3 & 1 \\ 2 & 1 \end{bmatrix}
$$

相对应的可以获得如下形式的三组状态反馈增益矩阵：

$$
K(t) = \begin{cases} \begin{bmatrix} 0 & 0 & 0 \\ -0.11765 & -0.05882 & 0 \end{bmatrix}, t = 3k \\[4mm] \begin{bmatrix} 2.55882 & 0.52941 & 0 & 0 \\ -6.55882 & -0.52941 & 0 & 0 \end{bmatrix}, t = 3k+1 \\[4mm] \begin{bmatrix} 7 & -3 \\ 1 & 1 \end{bmatrix}, t = 3k+2 \end{cases}
$$

$$K'(t) = \begin{cases} \begin{bmatrix} 0.6 & -0.2 & 0 \\ 0.3 & -0.1 & 0 \end{bmatrix}, t = 3k \\ \begin{bmatrix} 0 & 1.83333 & 2.69047 & 0 \\ 0 & -3 & -5.57143 & 0 \end{bmatrix}, t = 3k+1 \\ \begin{bmatrix} -1.6 & 0.8 \\ 2.6 & 0.2 \end{bmatrix}, t = 3k+2 \end{cases}$$

$$K''(t) = \begin{cases} \begin{bmatrix} 0.13253 & -0.16867 & 0 \\ 0.15662 & -0.10843 & 0 \end{bmatrix}, t = 3k \\ \begin{bmatrix} 1.11475 & -0.32786 & 0 & 0 \\ -4.59016 & 2.11475 & 0 & 0 \end{bmatrix}, t = 3k+1 \\ \begin{bmatrix} -2.33333 & 3.16667 \\ -1 & 1.5 \end{bmatrix}, t = 3k+2 \end{cases}$$

很容易验证，上述三组不同的周期反馈增益矩阵均可以将系统的特征值配置到 $-0.5 \pm 0.5i$。

例 5.2 考虑如下所示的周期为 2 的线性离散系统：

$$x(t+1) = A(t)x(t) + B(t)u(t)$$

其中，系数矩阵 A_t，B_t 为已知矩阵，如下所示：

$$A_0 = \begin{bmatrix} 0 & -1 & 0 & 0 \\ 7/3 & 7/3 & -5/3 & -1/3 \\ -1/3 & -1/3 & 2/3 & 1/3 \end{bmatrix}, \quad A_1 = \begin{bmatrix} -6 & -2 & -2 \\ 0 & 0 & 3 \\ -2 & -1 & 5 \\ 1 & 0 & 0 \end{bmatrix},$$

$$B_0 = \begin{bmatrix} 0 & 0 \\ 1 & 0 \\ 0 & 0 \end{bmatrix}, \quad B_1 = \begin{bmatrix} 1 & 1 \\ -1 & 0 \\ 0 & 0 \\ 0 & 1 \end{bmatrix}$$

显然，系数矩阵的最小维数 n_m 为 3，想要配置的中心谱集合为 $\Gamma = \{0.5 \pm 0.5i, 0.5\}$。通过上述系数矩阵可以验证系统完全能达并且得出 $k_0 = 3$，根据关系式 (5.11)，(5.12) 得出

$$A^{\mathrm{L}} = A(4)A(3) = \begin{bmatrix} 0 & 0 & -3 \\ -11 & -3 & -6 \\ 1 & 0 & 3 \end{bmatrix}$$

$$B^{\mathrm{L}} = \begin{bmatrix} A(4)B(3) & B(4) \end{bmatrix} = \begin{bmatrix} 1 & 0 & 0 & 0 \\ 0 & 2 & 1 & 0 \\ 0 & 0 & 0 & 0 \end{bmatrix}$$

根据想要配置的中心谱集合 $\Gamma = \{0.5 \pm 0.5\mathrm{i}, 0.5\}$，构造闭环系统的实约旦标准型矩阵 F 如下形式：

$$F = \begin{bmatrix} 0.5 & 0 & 0 \\ 0 & 0.5 & 0.5 \\ 0 & -0.5 & 0.5 \end{bmatrix}$$

根据参数极点配置算法，可以获得满足方程式 (5.7) 的的右互质多项式矩阵：

$$D(s) = \begin{bmatrix} -s^2 + 3s - 3 & 0 & 0 & 0 \\ 10.8 - 4.4s & -0.4s - 1.2 & -0.447 & 0 \\ 5.4 - 2.2s & -0.2s - 0.6 & 0.894 & 0 \\ 0 & 0 & 0 & 1 \end{bmatrix} \quad N(s) = \begin{bmatrix} 3 - s & 0 & 0 & 0 \\ 0 & -1 & 0 & 0 \\ -1 & 0 & 0 & 0 \end{bmatrix}$$

于是，很容易得到

$$N_0 = \begin{bmatrix} 3 & 0 & 0 & 0 \\ 0 & -1 & 0 & 0 \\ -1 & 0 & 0 & 0 \end{bmatrix}, N_1 = \begin{bmatrix} -1 & 0 & 0 & 0 \\ 0 & 0 & 0 & 0 \\ 0 & 0 & 0 & 0 \end{bmatrix}$$

$$D_0 = \begin{bmatrix} -3 & 0 & 0 & 0 \\ \dfrac{54}{5} & -\dfrac{6}{5} & -\dfrac{\sqrt{5}}{5} & 0 \\ \dfrac{27}{5} & -\dfrac{3}{5} & \dfrac{2\sqrt{5}}{5} & 0 \\ 0 & 0 & 0 & 1 \end{bmatrix}, D_1 = \begin{bmatrix} 3 & 0 & 0 & 0 \\ -\dfrac{22}{5} & -\dfrac{2}{5} & 0 & 0 \\ -\dfrac{11}{5} & -\dfrac{1}{5} & 0 & 0 \\ 0 & 0 & 0 & 1 \end{bmatrix}, D_2 = \begin{bmatrix} -1 & 0 & 0 & 0 \\ 0 & 0 & 0 & 0 \\ 0 & 0 & 0 & 0 \\ 0 & 0 & 0 & 0 \end{bmatrix}$$

根据算法 5.2, 可得如下形式的鲁棒状态反馈增益:

$$K_{\text{robu}}(0) = \begin{bmatrix} -1.0534 & 0.0847 & -0.3583 & -0.0498 \\ 0 & 0 & 0 & 0 \end{bmatrix}$$

$$K_{\text{robu}}(1) = \begin{bmatrix} -2.0000 & -0.0047 & -3.4999 \\ 1.9424 & 1.1480 & 1.6274 \end{bmatrix}$$

此外, 文献[53]中给出的鲁棒状态反馈增益矩阵为

$$F_{\text{robu}}(0) = \begin{bmatrix} -3.8969 & -1.4620 & 4.2854 & 1.7340 \\ 0 & 0 & 0 & 0 \end{bmatrix}$$

$$F_{\text{robu}}(1) = \begin{bmatrix} -2.1256 & -0.0370 & -3.4438 \\ 1.8175 & -0.1661 & 9.6237 \end{bmatrix}$$

进一步, 定义:

$$K_{\text{robu}} = (K_{\text{robu}}(0), K_{\text{robu}}(1))$$
$$F_{\text{robu}} = (F_{\text{robu}}(0), F_{\text{robu}}(1))$$

由文献[54]可知, 小增益能体现鲁棒性能, 因为小的增益可以减少噪声的扩大。同时, 小的反馈增益可以减小控制器能量消耗。简单计算可得

$$\left\| K_{\text{robu}}(0) \right\|_{\text{F}} + \left\| K_{\text{robu}}(1) \right\|_{\text{F}} = 6.0148$$
$$\left\| F_{\text{robu}}(0) \right\|_{\text{F}} + \left\| F_{\text{robu}}(1) \right\|_{\text{F}} = 16.8189$$

为了比较两种配置算法的效果, 使闭环系统矩阵具有如下扰动:

$$A(i) + B(i)K(i) \mapsto A(i) + B(i)K(i) + \mu \Delta_i, i \in \overline{0,1}$$

其中, $\Delta_i \in \mathbb{R}^{n(i+1) \times n(i)}$, $i \in \overline{0,1}$ 是满足 $\left\| \Delta_i \right\|_{\text{F}} = 1$, $i \in \overline{0,1}$ 的随机扰动, $\mu > 0$ 是一个反映扰动的控制参数。当 $\mu = 0.001, 0.002, 0.003$ 时, 对 K_{robu}, F_{robu} 分别做了多次的随机实验并且在图 5-1~5-3 中绘制了相应的实验极点图。从这些图中, 可以看出在扰动存在的情况下, 鲁棒周期反馈增益 K_{robu} 相比文献[53]中给出的反馈增益, 得到的效果更好一些。

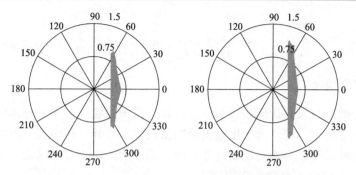

图 5-1　特定扰动 $\mu = 0.001$ 时系统的特征值，左右两边分别对应于 K_{robu} 和 F_{robu}

Figure 5-1　Pertubed eigenvalues of the closed-loop system with $\mu = 0.001$: The left hand side corresponds to K_{robu} and the right hand side corresponds to F_{robu}

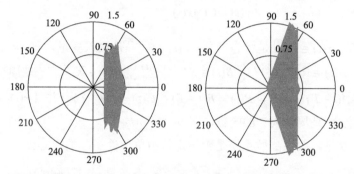

图 5-2　特定扰动 $\mu = 0.002$ 时系统的特征值，左右两边分别对应于 K_{robu} 和 F_{robu}

Figure 5-2　Pertubed eigenvalues of the closed-loop system with $\mu = 0.002$: The left hand side corresponds to K_{robu} and the right hand side corresponds to F_{robu}

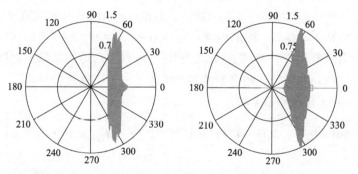

图 5-3　特定扰动 $\mu = 0.003$ 时系统的特征值，左右两边分别对应于 K_{robu} 和 F_{robu}

Figure 5-3　Pertubed eigenvalues of the closed-loop system with $\mu = 0.003$: The left hand side corresponds to K_{robu} and the right hand side corresponds to F_{robu}

5.3　变维 LDP 系统的周期输出反馈极点配置

5.3.1　问题描述

在对被控对象设计反馈控制律时，如果系统的状态由于某些物理限制而不能直接量测时，可以考虑用输出反馈来代替。另外，很多其他控制系统设计问题也可以归结为输出反馈设计问题。基于此，本小节考虑采用周期输出反馈对变维 LDP 系统进行极点配置。

考虑如下离散线性周期系统：

$$\begin{cases} x(t+1) = A(t)x(t) + B(t)u(t) \\ y(t) = C(t)x(t) \end{cases} \tag{5.41}$$

其中 $t \in \mathbb{Z}$，$x(t) \in \mathbb{R}^{n(t)}$ 是状态变量，$u(t) \in \mathbb{R}^{p(t)}$ 是输入变量，$y(t) \in \mathbb{R}^{r(t)}$ 是输出变量；$A(t) \in \mathbb{R}^{n(t+1) \times n(t)}$，$B(t) \in \mathbb{R}^{n(t+1) \times p(t)}$，$C(t) \in \mathbb{R}^{r(t) \times n(t)}$ 是周期为 T 的矩阵，即 $A(t+T) = A(t)$，$B(t) = B(t+T)$，$C(t) = C(t+T)$，并且 $r(t), n(t) \in Z^+$（正整数集合）是周期为 T 的函数，即 $p(t) = p(t+T)$，$n(t+T) = n(t)$。

显而易见，线性离散系统是否稳定是由单值性矩阵的中心谱

$$\varPhi_A(t+T, t) := A(t+T-1)A(t+T-2)\cdots A(t) \in \mathbb{R}^{n(t) \times n(t)} \tag{5.42}$$

是否在单位圆内决定的。

当 $p(t) = p, n(t) = n$ 时，线性系统 (5.41) 就转变成时不变系统。此时，其单值性矩阵的极点与时间 t 无关。然而，当系统 (5.41) 具有不同的维数时，情况就不是这样了。显然，如果 $t \neq k$，则 $\varPhi_A(t+T, t) \neq \varPhi_A(k+T, k)$。$\varPhi_A(t+T, t)$ 的极点个数随着初始时刻 t 的变化而变化，$\varPhi_A(k+T, k)$ 的维数是 $n(k) \times n(k)$。对于零特征值和非零特征值之间的关系将通过以下引理进行说明。

引理 5.4　对于任意整数 k 和 h

$$\det\left[\lambda I_{n(k)} - \varPhi_A(k+T, k)\right] = \lambda^{n(k)-n(h)} \det\left[\lambda I_{n(h)} - \varPhi_A(h+T, h)\right]$$

定义

$$n_m := \min_{t \in [0, T-1]} n(t), \quad n_M := \max_{t \in [0, T-1]} n(t)$$

根据以上引理，定义 $\varPhi_A(t+T,t)$ 的中心谱为 $\sigma(\varPhi_A(t+T,t))$，其中，零元素的个数为 $n(t)-n_m$。此外，定义 $\varPhi_A(t+T,t)$ 的中心谱为 $\sigma_0(\varPhi_A(t+T,t))$，中心谱中的非零元素的位置体现了系统的稳定性。

引入如下形式的输出反馈控制律：

$$u(t)=F(t)y(t),\ F(t)\in\mathbb{R}^{p(t)\times r(t)},\ t\in Z \tag{5.43}$$

其中，$F(t)$ 是周期为 T 的输出反馈增益矩阵，将该控制律作用到系统 (5.41) 中，形成了一个周期为 T 的闭环系统，其单值性矩阵为

$$\varPhi_{A_c}(t+T,t):=A_c(t+T-1)A_c(t+T-2)\cdots A_c(t)\in\mathbb{R}^{n(t)\times n(t)} \tag{5.44}$$

其中

$$A_c(i)\triangleq A(i)+B(i)F(i)C(i),\ i\in\overline{t,t+T-1} \tag{5.45}$$

在一个周期内通过输出反馈律 (5.43) 对单值性矩阵的中心谱进行配置，于是，对具有时变状态和输入维数的 LDP 系统的输出反馈极点配置问题可以归纳如下。

问题 5.5　给定线性离散周期系统 (5.41)，对任意一个由 n_m 个关于实轴对称的复数组成的特征值集合 $\varGamma$，寻找输出反馈律 (5.43) 来配置系统的中心谱。也就是说寻找周期矩阵 $F(t)\in\mathbb{R}^{p(t)\times r(t)}$，$t\in Z$ 使得闭环系统的中心谱达到想要的值。

如果线性离散系统 (5.41) 完全能达、完全能观，存在输出反馈律 $u(t)=F(t)y(t)$，使得闭环系统的中心谱 $\sigma_0(\varPhi_A(t+T,t))$ 配置到特征值集合 $\varGamma$，其中，非零元素以复数共轭对的形式出现。

考虑如下形式的 Sylvester 矩阵方程：

$$A^{L}V+B^{L}W=VF \tag{5.46}$$

其中，$A^{L}\in\mathbb{R}^{n_m\times n_m}$，$B^{L}\in\mathbb{R}^{n_m\times\sum_{t=k_0}^{T+k_0-1}p(t)}$ 是系数矩阵，$F\in\mathbb{R}^{n_m\times n_m}$ 是常数矩阵，$V\in\mathbb{R}^{n_m\times n_m}$，$W\in\mathbb{R}^{\sum_{t=k_0}^{T+k_0-1}p(t)\times n_m}$ 是未知矩阵。

引入如下多项式矩阵分解：

$$(zI-A^{L})^{-1}B^{L}=N(z)D^{-1}(z) \tag{5.47}$$

其中，$N(z) \in \mathbb{R}^{n_m \times \sum_{t=k_0}^{T+k_0-1} p(t)}$，$D(z) \in \mathbb{R}^{\sum_{t=k_0}^{T+k_0-1} p(t) \times \sum_{t=k_0}^{T+k_0-1} p(t)}$ 是右互质多项式矩阵。记

$$D(z) = \left[d_{ij}(z) \right]_{\sum_{t=k_0}^{T+k_0-1} p(t) \times \sum_{t=k_0}^{T+k_0-1} p(t)} , \quad N(z) = \left[n_{ij}(z) \right]_{n_m \times \sum_{t=k_0}^{T+k_0-1} p(t)} , \quad \omega = \max\{\omega_1, \omega_2\}$$

其中

$$\omega_1 = \max_{i,j \in 1, \sum_{t=k_0}^{T+k_0-1} p(t)} \{\deg(d_{ij}(z))\}, \omega_2 = \max_{i \in \overline{1, n_m}, \, j=1, \sum_{t=0}^{T-1} p(t)} \{\deg(n_{ij}(z))\}$$

则，$D(z)$，$N(z)$ 可以写成如下形式：

$$\begin{cases} D(z) = \sum\limits_{i=0}^{\omega} D_i z^i, \ D_i \in C^{\sum_{t=k_0}^{T+k_0-1} p(t) \times \sum_{t=k_0}^{T+k_0-1} p(t)} \\ N(z) = \sum\limits_{i=0}^{\omega} N_i z^i, \ N_i \in C^{n_m \times \sum_{t=k_0}^{T+k_0-1} p(t)} \end{cases} \tag{5.48}$$

引理 5.5　假定矩阵对 (A^L, B^L) 是能控的，其中 $A^L \in \mathbb{R}^{n_m \times n_m} B^L \in \mathbb{R}^{n_m \times \sum_{t=k_0}^{T+k_0-1} p(t)}$，矩阵 $N(s) \in \mathbb{R}^{n_m \times \sum_{t=k_0}^{T+k_0-1} p(t)}[z]$，$D(s) \in \mathbb{R}^{\sum_{t=k_0}^{T+k_0-1} p(t) \times \sum_{t=k_0}^{T+k_0-1} p(t)}[z]$ 是一对满足 (5.47) 的右互质矩阵且 $N(s)$，$D(s)$ 具有展开式 (5.48) 的形式。对任意矩阵 $F \in \mathbb{R}^{n_m \times n_m}$，Sylvester 矩阵方程 (5.46) 的参数解，可以表示为：

$$\begin{cases} V_*(Z) = N_0 Z + N_1 Z F + \cdots + N_\omega Z F^\omega \\ W_*(Z) = D_0 Z + D_1 Z F + \cdots + D_\omega Z F^\omega \end{cases} \tag{5.49}$$

其中，$Z \in \mathbb{R}^{\sum_{t=k_0}^{T+k_0-1} p(t) \times n_m}$ 是随机选取矩阵，代表了存在于解 $(V(Z), W(Z))$ 中的自由度。

5.3.2　参数化输出反馈极点配置

令 $\Gamma = \left\{ s_i, s_i \in \mathbb{C}, i \in \overline{1, n_m} \right\}$ 是想要进行配置的单值性矩阵 $\Phi_{A_c}(t+T, t)$ 的中心谱集合。$F \in \mathbb{R}^{n_m \times n_m}$ 是一个实数矩阵并且 $\sigma(F) = \Gamma$，k_0 是任意的正整数，满足 $n(k_0) = n_m$。显然，中心谱 $\sigma_0(\Phi_{A_c}(t+T, t)) = \Gamma$ 成立的条件是存在一个非奇异矩阵 $V \in \mathbb{R}^{n_m \times n_m}$，满足

$$\Phi_{A_c}(k_0 + T, k_0)V = VF \tag{5.50}$$

于是, 对于问题 5.5 的求解可以简化成问题 5.6 的求解。

问题 5.6 给定完全能达、能观的 LDP 系统 (5.41) 和实矩阵 $F \in \mathbb{R}^{n_m \times n_m}$, 找到输出反馈增益矩阵 $F(t) \in \mathbb{R}^{p(t) \times r(t)}$, $t \in \overline{k_0, k_0 + T - 1}$, 使得非奇异矩阵 $V \in \mathbb{R}^{n_m \times n_m}$ 满足关系式 (5.50)。

进一步, 定义

$$A^{\mathrm{L}} = \Phi_A(k_0 + T, k_0) = A(k_0 + T - 1)A(k_0 + T - 2)\cdots A(k_0) \tag{5.51}$$

$$B^{\mathrm{L}} = \begin{bmatrix} \Phi_A(k_0 + T, k_0 + 1)B(k_0) & \Phi_A(k_0 + T, k_0 + 2)B(k_0 + 1)\cdots \\ \Phi_A(k_0 + T, k_0 + T)B(k_0 + T - 1) \end{bmatrix} \tag{5.52}$$

其中, $A^{\mathrm{L}} \in \mathbb{R}^{n_m \times n_m}$, $B^{\mathrm{L}} \in R^{n_m \times \sum_{t=k_0}^{k_0+T-1} p(t)}$。在一个完整的周期内, 对闭环系统的单值性矩阵 $\Phi_{A_c}(k_0 + T, k_0)$ 而言, 可以发现了如下事实。

定理 5.5 给定的单值性矩阵 $\Phi_{A_c}(k_0 + T, k_0)$ 如方程式 (5.44) 所示, 矩阵 $A^{\mathrm{L}}, B^{\mathrm{L}}$ 如方程 (5.51), (5.52) 所示, 可以获得如下关系式:

$$\Phi_{A_c}(k_0 + T, k_0) = A^{\mathrm{L}} + B^{\mathrm{L}} X \tag{5.53}$$

其中, X 的表达式为

$$X = \begin{bmatrix} F(k_0)C(k_0) \\ F(k_0 + 1)C(k_0 + 1)\Phi_{A_c}(k_0 + 1, k_0) \\ \vdots \\ F(k_0 + T - 1)C(k_0 + T - 1)\Phi_{A_c}(k_0 + T - 1, k_0) \end{bmatrix} \tag{5.54}$$

证明: 我们将采用数学归纳法来对以上关系式进行验证。

首先, 当 $T = 2$ 时

$$\begin{aligned}
\Phi_{A_c}(k_0 + 2, k_0) &= A_c(k_0 + 1)A_c(k_0) \\
&= (A_c(k_0 + 1) + B(k_0 + 1)F(k_0 + 1)C(k_0 + 1))(A(k_0) + B(k_0)F(k_0)C(k_0)) \\
&= A(k_0 + 1)A(k_0) + A(k_0)B(k_0)F(k_0)C(k_0) \\
&\quad + B(k_0 + 1)F(k_0)C(k_0)(A(k_0) + B(k_0)F(k_0)C(k_0)) \\
&= A(k_0 + 1)A(k_0) + \begin{bmatrix} A(k_0 + 1)B(k_0) & B(k_0 + 1) \end{bmatrix} \\
&\quad \times \begin{bmatrix} F(k_0)C(k_0) \\ F(k_0)C(k_0)\Phi_{A_c}(k_0 + 1, k_0) \end{bmatrix}
\end{aligned}$$

显然, 关系式 (5.53) 成立。

假定当 $T = \omega - 1$ 时，关系式 (5.53) 成立。需要验证，当 $T = \omega$ 时，关系式 (5.53) 成立。

通过假定，可以获得如下关系式：

$$\Phi_{A_c}(k_0 + \omega - 1, k_0) = \Phi_A(k_0 + \omega - 1, k_0) + [\Phi_A(k_0 + \omega - 1, k_0 + 1)B(k_0)]$$
$$[\Phi_A(k_0 + \omega - 1, k_0 + 2)B(k_0 + 1) \cdots B(k_0 + \omega - 2)]$$
$$\times \begin{bmatrix} F(k_0)C(k_0) \\ F(k_0)C(k_0)\Phi_{A_c}(k_0 + 1, k_0) \\ \vdots \\ F(k_0 + \omega - 2)C(k_0 + \omega - 2)\Phi_{A_c}(k_0 + \omega - 2, k_0) \end{bmatrix}$$

于是，当 $T = \omega$ 时

$$\Phi_{A_c}(k_0 + \omega, k_0) = A_c(k_0 + \omega - 1)\Phi_{A_c}(k_0 + \omega - 1, k_0)$$
$$= (A(k_0 + \omega - 1) + B(k_0 + \omega - 1)F(k_0 + \omega - 1)C(k_0 + \omega - 1))$$
$$\Phi_{A_c}(k_0 + \omega - 1, k_0)$$
$$= A(k_0 + \omega - 1)\Phi_{A_c}(k_0 + \omega - 1, k_0)$$
$$+ B(k_0 + \omega - 1)F(k_0 + \omega - 1)C(k_0 + \omega - 1))\Phi_{A_c}(k_0 + \omega - 1, k_0)$$
$$= \Phi_A(k_0 + \omega - 1, k_0) + [\Phi_A(k_0 + \omega, k_0 + 1)B(k_0)$$
$$\Phi_A(k_0 + \omega, k_0 + 2)B(k_0 + 1) \cdots \Phi_A(k_0 + \omega, k_0 + \omega - 1)B(k_0 + \omega - 1)]$$
$$\times \begin{bmatrix} F(k_0)C(k_0) \\ F(k_0)C(k_0)\Phi_{A_c}(k_0 + 1, k_0) \\ \vdots \\ F(k_0 + \omega - 2)C(k_0 + \omega - 2)\Phi_{A_c}(k_0 + \omega - 2, k_0) \end{bmatrix}$$
$$+ B(k_0 + \omega - 1)F(k_0 + \omega - 1)C(k_0 + \omega - 1)\Phi_{A_c}(k_0 + \omega - 1, k_0)$$
$$= \Phi_A(k_0 + \omega, k_0) + [\Phi_A(k_0 + \omega, k_0 + 1)B(k_0) \ \Phi_A(k_0 + \omega, k_0 + 2)B(k_0 + 1)$$
$$\cdots \Phi_A(k_0 + \omega, k_0 + \omega - 1)B(k_0 + \omega - 1) \ B(k_0 + \omega - 1)]$$
$$\times \begin{bmatrix} F(k_0)C(k_0) \\ F(k_0)C(k_0)\Phi_{A_c}(k_0 + 1, k_0) \\ \vdots \\ F(k_0 + \omega - 2)C(k_0 + \omega - 2)\Phi_{A_c}(k_0 + \omega - 2, k_0) \\ F(k_0 + \omega - 1)C(k_0 + \omega - 1)\Phi_{A_c}(k_0 + \omega - 1, k_0) \end{bmatrix}$$
$$= A^L + B^L X$$

因此，根据数学归纳法原理可以证明关系式(5.53)成立。

将式(5.53)和方程式(5.50)相结合，可以获得如下关系式：

$$A^{\mathrm{L}}V - VF + B^{\mathrm{L}}XV = 0 \tag{5.55}$$

令

$$XV = W \tag{5.56}$$

于是，式(5.55)就和式(5.46)具有同样的形式。根据关系式(5.49)，可以得到

$$X = W_*(Z)V_*^{-1}(Z) \tag{5.57}$$

此外，将 X 分块为如下形式：

$$X(Z) = \begin{bmatrix} X_1^{\mathrm{T}} & X_2^{\mathrm{T}} & \cdots & X_T^{\mathrm{T}} \end{bmatrix}^{\mathrm{T}} \tag{5.58}$$

根据方程(5.54)，可以获得如下关系式：

$$
\begin{aligned}
X_1 &= F(k_0)C(k_0) \\
X_2 &= F(k_0+1)C(k_0+1)A_c(k_0) \\
&\vdots \\
X_T &= F(k_0+T-1)C(k_0+T-1)\prod_{j=k_0+T-2}^{k_0} A_c(j)
\end{aligned}
$$

因此，还可以进一步得到

$$
\begin{cases}
F(k_0) = X_1((C(k_0))^{\mathrm{T}}C(k_0))^{-1}(C(k_0))^{\mathrm{T}} \\[2mm]
F(k_0+i) = X_{i+1}\left(\left(\prod\limits_{j=k_0+i-1}^{k_0} A_c(j)\right)^{\mathrm{T}}\left(\prod\limits_{j=k_0+i-1}^{k_0} A_c(j)\right)\right)^{-1}\left(\prod\limits_{j=k_0+i-1}^{k_0} A_c(j)\right)^{\mathrm{T}} \\[2mm]
\qquad \times((C(k_0+i))^{\mathrm{T}}C(k_0+i))^{-1}(C(k_0+i))^{\mathrm{T}}, \\[2mm]
\det\left(\left(\prod\limits_{j=k_0+i-1}^{k_0} A_c(j)\right)^{\mathrm{T}}\left(\prod\limits_{j=k_0+i-1}^{k_0} A_c(j)\right)\right) \neq 0,\ \det((C(k_0+i))^{\mathrm{T}}C(k_0+i)) \neq 0,\ i \in \overline{1, T-1}
\end{cases}
$$

$$\tag{5.59}$$

注释 5.5　系统在 k_0 时刻有最小维数并且 k_0 是一个满足 $n(k_0) = n_m$ 的正整数。

系统只有在最小维数的条件下，才存在输出反馈增益 $F(k_0 + i), i \in \overline{1, T-2}$ 使得关系式(5.59)成立。

定理 5.6　给定线性离散时变系统(5.41)，使其完全能达、完全能观。可以通过式(5.48)，(5.49)，(5.58)，(5.59)把问题 5.6 中的反馈增益 $F(t) \in \mathbb{R}^{p(t) \times r(t)}$，$t \in \overline{k_0, k_0 + T-1}$ 求解出来。

注释 5.6　当线性离散时变系统(5.41)转变为线性离散时不变系统时，对于任何时刻都有 $n(t) = n$。问题 5.6 中反馈增益 $F(t)$ 的求解表达式，可以转化为如下关系式：

$$
\begin{cases}
F(k_0) = X_1(C(k_0))^{-1} \\
F(k_0 + i) = X_{i+1} \prod_{j=k_0}^{k_0+i-1} A_c(j)^{-1}(C(k_0+i))^{-1}, \ \det(A_c(i) \neq 0, i \in \overline{1, T-1}
\end{cases}
$$

在时不变系统中，矩阵 $A_c(j)$，$j \in \overline{k_0, k_0 + T-1}$ 变成方阵。显然，上述定理同样适用于线性时不变系统的极点配置。对于参数极点配置来说，时不变系统变成了时变系统的一种特殊状态。

算法 5.5　（参数化输出反馈的极点配置算法）

1. 对具有时变状态和输入维数的线性离散周期系统(5.41)进行检验，如果完全能达、完全能观，进入下一步；否则，算法失效。

2. 根据欲配置的单值性矩阵的中心谱集合 $\Gamma = \left\{ s_i, s_i \in C, i \in \overline{1, n_m} \right\}$，构造一个约旦标准型矩阵 F，使得 F 的维数为 n_m 且满足 $\sigma(F) = \Gamma$。

3. 寻找 k_0，使得 $n(k_0) = n_m$。根据式(5.51)，(5.52)，计算矩阵 A^L, B^L。

4. 根据式(5.48)求解右互质矩阵 $N(z), D(z)$。根据式(5.49)，计算 $V_*(Z)$，$W_*(Z)$。

5. 通过式(5.57)，计算 $X(Z)$。

6. 根据式(5.58)，将 $X(Z)$ 分块得到 X_i，$i \in \overline{1, T}$。

7. 通过式(5.59)，计算输出反馈律 $F(k_0 + j)$，$j \in \overline{0, T-1}$。

5.3.3　鲁棒输出反馈极点配置

由于系统会受到随机扰动，这就会给闭环系统的极点配置带来很大的误差。为了使得到的结论更具一般性，假设受干扰的闭环周期系统具有如下形式：

$$A(t) + B(t)F(t)C(t) \mapsto A(t) + B(t)F(t)C(t) + \varDelta_t(\varepsilon), t \in \overline{0, T-1}$$

其中，$\varDelta_t(\varepsilon) \in \mathbb{R}^{n(t+1) \times n(t)}$，$t \in \overline{0, T-1}$ 是矩阵函数，满足

$$\lim_{\varepsilon \to 0^+} \frac{\varDelta_t(\varepsilon)}{\varepsilon} = \varDelta_t$$

其中，矩阵 $\varDelta_t \in \mathbb{R}^{n(t+1) \times n(t)}$，$t \in \overline{0, T-1}$ 的全部元素都是常数，从 k_0 到 $k_0 + T$ 时刻，受随机干扰的闭环系统的单值性矩阵为

$$\begin{aligned} \varPhi_{A_c}(\varepsilon) = &(A_c(k_0 + T - 1) + B(k_0 + T - 1)F(k_0 + T - 1)C(k_0 + T - 1) \\ &+ \varDelta_{k_0 + T - 1}(\varepsilon)) \cdots (A_c(0) + B(0)F(0)C(0) + \varDelta_0(\varepsilon)) \end{aligned} \tag{5.60}$$

　　基于上述极点问题，线性离散系统 (5.41) 的鲁棒极点配置问题，可以归纳如下。

问题 5.7　给定线性离散周期系统 (5.41)，闭环系统想要配置的中心谱集合 $\varGamma$ 是关于实轴对称的，找到满足如下条件的实矩阵 $F(t)$，$t \in \overline{0, T-1}$：

　　1. 闭环系统的单值性矩阵的中心谱集合为 $\varGamma$；

　　2. 单值性矩阵 $\varPhi_{A_c}(\varepsilon)$ 在 $\varepsilon = 0$ 时的极点配置对于 ε 的细微变化，受到的影响尽可能的小。

　　鲁棒极点配置的核心问题在于如何使得闭环系统欲配置的极点在受到扰动的情况下，尽可能的不受其影响。因此，需要选择一个灵敏度指标来衡量闭环系统特征值受到的不确定性扰动。

　　以下命题会对反映系统性能的灵敏度指标作出详细的阐述。

命题 5.2　令闭环系统的单值性矩阵 $\varPhi_{A_c}(k_0 + T, k_0) \in \mathbb{R}^{n_m \times n_m}$ 是对角化矩阵，$Q \in \mathbb{C}^{n_m \times n_m}$ 是非奇异矩阵，满足 $\varPhi_{A_c}(k_0 + T, k_0) = Q^{-1}\varLambda Q$ 并且 $\varLambda = \mathrm{diag}\{\lambda_1, \lambda_2, \cdots, \lambda_n\}$ 是矩阵 $\varPhi_{A_c}(k_0 + T, k_0)$ 的约旦标准型。实标量 $\varepsilon > 0$，$\varDelta_{k_0+i}(\varepsilon) \in \mathbb{R}^{n(k_0+i+1) \times n(k_0+i)}$，$i \in \overline{0, T-1}$ 是关于 ε 的矩阵函数并且满足：

$$\lim_{\varepsilon \to 0^+} \frac{\varDelta_{k_0+i}(\varepsilon)}{\varepsilon} = \varDelta_{k_0+i} \tag{5.61}$$

其中，$\varDelta_{k_0+i}(\varepsilon) \in \mathbb{R}^{n(k_0+i+1) \times n(k_0+i)}$，$i \in \overline{0, T-1}$ 是常矩阵。对矩阵

$$\varPhi_{A_c}(\varepsilon) = (A(k_0 + T - 1) + \varDelta_{k_0+T-1}(\varepsilon))(A(k_0 + T - 2) + \varDelta_{k_0+T-2}(\varepsilon)) \cdots (A(k_0) + \varDelta_{k_0}(\varepsilon))$$

的任意特征值 λ ，满足如下关系式：

$$\min\left\{\left|\lambda_i - \lambda\right|\right\} \leqslant \varepsilon n_m \kappa_F(Q)\left(\sum_{t=0}^{T-1}\left\|A(k_0+i)+B(k_0+i)F(k_0+i)C(k_0+i)\right\|_F^{T-1}\right)$$

$$\frac{\max}{i}\left\{\left\|A\right\|_F\right\} + O(\varepsilon^2)$$

$$(5.62)$$

根据关系式 (5.62)，对鲁棒极点配置问题进行处理时，闭环系统的中心谱 $\Phi_{A_c}(\varepsilon)$ 关于扰动 $\Delta_{k_0+i}(\varepsilon), i \in \overline{0, T-1}$ 的灵敏度一般可以用下面指标衡量：

$$J_1(Z) \triangleq \kappa_F(V)\sum_{i=0}^{T-1}\left\|A(k_0+i)+B(k_0+i)F(k_0+i)C(k_0+i)\right\|_F^{T-1} \quad (5.63)$$

其中，非奇异矩阵 V 满足式 (5.50)，F 具有想要配置的特征值并且是实矩阵。通过命题 5.2，可以得出一个结论：在式 (5.63) 中，特征值矩阵应该是 VG，其中，矩阵 G 满足关系式 $G^{-1}FG = J$。然而，$\kappa_F(V)$ 和 $\kappa_F(VG)$ 测量单值性矩阵特征值灵敏度的效果是一样的。

结合上文，对鲁棒极点配置算法，归纳如下。

算法 5.6 （鲁棒输出反馈极点配置算法）

1. 验证给定的系统是否完全能达、能观。如果可以，进行下一步；否则，算法失效。

2. 根据欲配置的特征值集合 $\Gamma = \left\{s_i, s_i \in \mathbb{C}, i \in \overline{1, n_m}\right\}$ 并且 Γ 是关于实轴对称的，构造实矩阵 $F \in \mathbb{R}^{n_m \times n_m}$ 使得 $\sigma(F) = \Gamma$ 。

3. 寻找 k_0 ，使得 $n(k_0) = n_m$ 。根据 (5.51)，(5.52)，计算 A^L, B^L 。

4. 根据式 (5.48) 求解右互质矩阵 $N(z)$ ，$D(z)$ 。

5. 通过矩阵方程 (5.49)，(5.57) ~ (5.59)，构造矩阵函数 $V, F(i), i \in \overline{1, T-1}$ 的表达式。

6. 根据梯度搜索算法，求解约束优化问题

$$\text{Minimize} \quad J_1(Z)$$

得到优化决策矩阵 Z_{opt} 。

7. 把矩阵 Z_{opt} 代入方程式 (5.49)，(5.57)～(5.59)，计算鲁棒周期反馈增益矩阵 $F_{opt}(k_0 + j)$，$j \in \overline{0, T-1}$。

5.3.4　数值算例

在本节中，参数化输出反馈极点配置算法和鲁棒输出反馈极点配置算法的正确性，将会经过以下算例来验证。

例 5.3　考虑一个周期为 3，具有如下形式的线性离散系统：

$$\begin{cases} x(t+1) = A(t)x(t) + B(t)u(t) \\ y(t) = C(t)x(t) \end{cases}$$

系统参数矩阵如下：

$$A(0) = \begin{bmatrix} 1 & 0 & 0 \\ 0 & 1 & 0 \\ 1 & 1 & 2 \\ 1 & 0 & 1 \end{bmatrix}, \quad A(1) = \begin{bmatrix} 1 & 1 & 2 & 1 \\ 0 & 1 & 0 & 1 \end{bmatrix}, \quad A(2) = \begin{bmatrix} 1 & 0 \\ -1 & 2 \\ 0 & -1 \end{bmatrix}$$

$$B(0) = \begin{bmatrix} -2 & 0 \\ 0 & 0 \\ 1 & 1 \\ 1 & 0 \end{bmatrix}, \quad B(1) = \begin{bmatrix} 1 & 1 \\ -1 & 0 \end{bmatrix}, \quad B(2) = \begin{bmatrix} 0 & 0 \\ -5 & 0 \\ 3 & 0 \end{bmatrix}$$

$$C(0) = \begin{bmatrix} 1 & 0 & 1 \\ 1 & 1 & 0 \\ 0 & 1 & 1 \\ 1 & 1 & 1 \end{bmatrix}, \quad C(1) = \begin{bmatrix} 1 & 0 & 1 & 1 \\ 2 & 1 & 0 & 1 \\ 3 & 2 & 1 & 4 \\ 1 & 2 & 0 & 1 \\ 4 & 0 & 1 & 2 \end{bmatrix}, \quad C(2) = \begin{bmatrix} 1 & 0 \\ 2 & 3 \\ 1 & 2 \end{bmatrix}$$

在该系统中，系数矩阵的最小维数 n_m 为 2，于是，$k_0 = 2$。欲配置闭环系统的中心谱为 $-0.5 \pm 0.5\mathrm{i}$。通过上述系统矩阵可以验证系统完全能达并且能观，根据式 (5.51)，(5.52) 得出

$$A^L = A(4)A(3)A(2) = \begin{bmatrix} 1 & 1 \\ 0 & 1 \end{bmatrix}$$

$$B^{\mathrm{L}} = \begin{bmatrix} A(4)A(3)B(2) & A(4)B(3) & B(4) \end{bmatrix} = \begin{bmatrix} 0 & 0 & 1 & 2 & 1 & 1 \\ -2 & 0 & 1 & 0 & -1 & 0 \end{bmatrix}$$

根据欲配置的中心谱，构造闭环系统的实约旦标准型矩阵 F，如下形式：

$$F = \begin{bmatrix} -\dfrac{1}{2} & -\dfrac{1}{2} \\ \dfrac{1}{2} & \dfrac{1}{2} \end{bmatrix}$$

根据参数极点配置算法，可以获得满足(5.47)的方程式：

$$D(s) = \begin{bmatrix} 0 & 0 & 1 & 0 & 0 & 0 \\ 0 & 0 & 0 & 1 & 0 & 0 \\ 0 & 0 & 0 & 0 & 1 & 0 \\ 0 & 0 & 0 & 0 & 0 & 1 \\ 0 & 1-s & -2 & 0 & 1 & 0 \\ s-1 & s-2 & 2 & 0 & -2 & -2 \end{bmatrix}, \quad N(s) = \begin{bmatrix} 1 & 0 & 0 & 0 & 0 & 0 \\ 0 & 1 & 0 & 0 & 0 & 0 \end{bmatrix}$$

因此

$$D_0 = \begin{bmatrix} 0 & 0 & 1 & 0 & 0 & 0 \\ 0 & 0 & 0 & 1 & 0 & 0 \\ 0 & 0 & 0 & 0 & 1 & 0 \\ 0 & 0 & 0 & 0 & 0 & 1 \\ 0 & 1 & -2 & 0 & 1 & 0 \\ -1 & -2 & 2 & 0 & -2 & -2 \end{bmatrix}, \quad D_1 = \begin{bmatrix} 0 & 0 & 0 & 0 & 0 & 0 \\ 0 & 0 & 0 & 0 & 0 & 0 \\ 0 & 0 & 0 & 0 & 0 & 0 \\ 0 & 0 & 0 & 0 & 0 & 0 \\ 0 & -1 & 0 & 0 & 0 & 0 \\ 1 & 1 & 0 & 0 & 0 & 0 \end{bmatrix}, \quad N_0 = \begin{bmatrix} 1 & 0 \\ 0 & 1 \\ 0 & 0 \\ 0 & 0 \\ 0 & 0 \\ 0 & 0 \end{bmatrix}^{\mathrm{T}}$$

随机选取参数矩阵 $Z \in \mathbb{R}^{6\times2}$，可以得到不同的输出反馈增益。这里，我们列举以下三组：

$$F_{\mathrm{rand1}}(t) = \begin{cases} \begin{bmatrix} 0.1506 & -0.0090 & -0.1506 & -0.0090 \\ 0.1325 & 0.0120 & -0.1325 & 0.0120 \end{bmatrix}, t=3k \\ \begin{bmatrix} -0.2080 & 0.2267 & -0.1574 & -0.1199 & 0.3653 \\ 1.1185 & -0.8679 & 0.4951 & 0.9963 & -1.6136 \end{bmatrix}, t=3k+1 \\ \begin{bmatrix} -3.9762 & 0.1190 & 1.4048 \\ -1.7857 & 0.0714 & 0.6429 \end{bmatrix}, t=3k+2 \end{cases}$$

$$F_{\mathrm{rand2}}(t) = \begin{cases} \begin{bmatrix} 0.4000 & 0.1000 & -0.4000 & 0.1000 \\ 0.2000 & 0.0500 & -0.2000 & 0.0500 \end{bmatrix}, t = 3k \\ \begin{bmatrix} 4.3952 & -0.9190 & -1.4429 & 2.8190 & -0.2619 \\ -8.8286 & 1.9714 & 2.8286 & -5.3143 & 0.4286 \end{bmatrix}, t = 3k+1 \\ \begin{bmatrix} -1.9429 & -0.1143 & 0.5714 \\ 2.3000 & 0.4000 & -0.5000 \end{bmatrix}, t = 3k+2 \end{cases}$$

$$F_{\mathrm{rand3}}(t) = \begin{cases} \begin{bmatrix} 0.0158 & -0.3915 & 0.7824 & -0.3915 \\ 0.3102 & 0.6588 & -1.7077 & 0.6588 \end{bmatrix}, t = 3k \\ \begin{bmatrix} -0.2270 & -0.1466 & 0.3576 & -0.1891 & -0.3310 \\ 0.1057 & 0.2989 & -0.4668 & 0.5243 & 0.1791 \end{bmatrix}, t = 3k+1 \\ \begin{bmatrix} -0.0381 & 0.1455 & 0.1097 \\ -0.2327 & 0.0746 & 0.1273 \end{bmatrix}, t = 3k+2 \end{cases}$$

很容易验证，上述三组输出反馈增益可以把闭环系统的极点配置到 $-0.5 \pm 0.5\mathrm{i}$。进一步，考虑鲁棒极点配置，利用算法 5.6，可得如下形式的鲁棒输出反馈增益：

$$F_{\mathrm{robu}}(t) = \begin{cases} \begin{bmatrix} -0.3086 & 0.1593 & -0.0101 & 0.1593 \\ -0.2093 & -0.1192 & 0.4185 & -0.1192 \end{bmatrix}, t = 3k \\ \begin{bmatrix} -0.2577 & 0.0692 & 0.0877 & -0.1791 & 0.0599 \\ 0.0662 & -0.0132 & -0.0210 & 0.1649 & -0.1250 \end{bmatrix}, t = 3k+1 \\ \begin{bmatrix} -0.3459 & 0.0619 & 0.1565 \\ 0.0201 & -0.0129 & -0.0153 \end{bmatrix}, t = 3k+2 \end{cases}$$

为了方便表述，定义

$$F_{\mathrm{rand}} = (F_{\mathrm{rand1}}(0),\ F_{\mathrm{rand1}}(1),\ F_{\mathrm{rand1}}(2))$$
$$F_{\mathrm{robu}} = (F_{\mathrm{robu}}(0),\ F_{\mathrm{robu}}(1),\ F_{\mathrm{robu}}(2))$$

计算这两组增益的有效性，得到

$$\left\| F_{\mathrm{rand1}}(0) \right\|_{\mathrm{F}} + \left\| F_{\mathrm{rand1}}(1) \right\|_{\mathrm{F}} + \left\| F_{\mathrm{rand1}}(2) \right\|_{\mathrm{F}} = 7.3835$$
$$\left\| F_{\mathrm{robu}}(0) \right\|_{\mathrm{F}} + \left\| F_{\mathrm{robu}}(1) \right\|_{\mathrm{F}} + \left\| F_{\mathrm{robu}}(2) \right\|_{\mathrm{F}} = 1.4159$$

可以看到，F_{robu} 相对于 F_{rand} 来说，具有较小的范数，可以有利于降低噪声放大，并减少能量消耗，从因具有较好的鲁棒性。

为了进一步比较鲁棒输出反馈的极点配置效果，假设闭环系统受到如下扰动：

$$A(i) + B(i)K(i) \mapsto A(i) + B(i)K(i) + \mu \Delta_i, i \in \overline{0,1}$$

其中，$\Delta_i \in \mathbb{R}^{n(i+1) \times n(i)}$，$i \in \overline{0,1}$ 是满足 $\|\Delta_i\|_F = 1$，$i \in \overline{0,1}$ 的随机扰动，$\mu > 0$ 是一个体现扰动的控制参数。当 $\mu = 0.001, 0.003, 0.004$ 时，分别利用 $F_{\text{rand}}, F_{\text{robu}}$，对闭环系统的极点做了 3000 次的随机实验，并在图 5-4～5-6 中绘制了相应的闭环极点图。

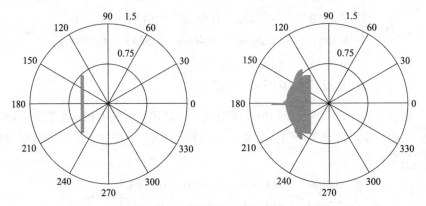

图 5-4   特定扰动 $\mu = 0.001$ 时闭环系统的特征值，左右两边分别对应于 F_{robu} 和 F_{rand}

Figure 5-4   Pertubed eigenvalues of the closed-loop system with $\mu = 0.001$: The left hand side corresponds to F_{robu} and the right hand side corresponds to F_{rand}

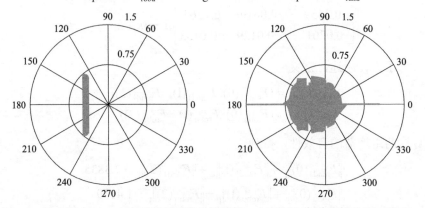

图 5-5   特定扰动 $\mu = 0.002$ 时闭环系统的特征值，左右两边分别对应于 F_{robu} 和 F_{rand}

Figure 5-5   Pertubed eigenvalues of the closed-loop system with $\mu = 0.002$: The left hand side corresponds to F_{robu} and the right hand side corresponds to F_{rand}

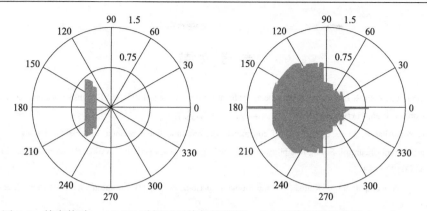

图 5-6　特定扰动 $\mu = 0.003$ 时闭环系统的特征值，左右两边分别对应于 F_{robu} 和 F_{rand}

Figure 5-6　Pertubed eigenvalues of the closed-loop system with $\mu = 0.003$: The left hand side corresponds to F_{robu} and the right hand side corresponds to F_{rand}

从这些实验图中，可以看出系统在受到随机干扰的情况下，利用随机输出反馈律得到的闭环极点严重偏离欲配置的中心谱 $-0.5 \pm 0.5\mathrm{i}$，而利用鲁棒极点配置算法则达到满意的效果。

5.4　本 章 小 结

本文对具有时变状态和输入维数的 LDP 系统的输出反馈极点配置问题进行了研究，提出了参数化输出反馈极点配置算法，利用矩阵的右既约分解，将参数极点配置问题和求解矩阵方程 $A^{\mathrm{L}}V + B^{\mathrm{L}}W - VF = 0$ 问题结合到一起。通过对参数矩阵 Z 的随机取值，得出不同的输出反馈增益，经过验证这些输出反馈增益均能使系统的中心谱配置到期望值。同时，仿真图像表明了该算法简单而有效。本章提出的参数算法同时适用于具有时不变状态的线性周期离散系统，即当 $n(t) = n$ 时，时不变系统就变成时变系统的一种特殊状态。本章进一步考虑了系统建模不确定性或外在扰动存在的情况下，进行鲁棒控制器设计问题。通过利用参数法设计算法中提供的设计自由度，结合一个鲁棒性能指标，将鲁棒极点配置问题归结为一个约束优化问题，进而问题得到求解。数值仿真结果展示了所提算法的有效性。

参 考 文 献

[1] Longhi S, Zulli R. A note on robust pole assignment for periodic systems[J]. IEEE Transactions on Automatic Control, 1996, 41(10): 1493-1497.

[2] Gondhalekar R, Jones C N. MPC of constrained discrete-time linear periodic systems—A framework for asynchronous control: Strong feasibility, stability and optimality via periodic invariance[J]. Automatica, 2011, 47(2): 326-333.

[3] Varga A. Computation of Kalman decompositions of periodic systems[J]. European Journal of Control, 2004, 10(1): 1-8.

[4] Zhou B, Duan G R, Lin Z. A parametric periodic Lyapunov equation with application in semi-global stabilization of discrete-time periodic systems subject to actuator saturation [J]. Automatica, 2011, 47(2): 316-325.

[5] Bittanti S, Colaneri P. Analysis of discrete-time linear periodic systems [J]. Control and Dynamic Systems, 1996, 78: 313-339.

[6] Benner P, Hossain M S, Stykel T. Model reduction of periodic descriptor systems using balanced truncation[M]//Model Reduction for Circuit Simulation. Netherlands: Springer, 2011: 193-206.

[7] Chu E K W, Fan H Y, Lin W W. Projected generalized discrete-time periodic Lyapunov equations and balanced realization of periodic descriptor systems[J]. SIAM Journal on Matrix Analysis and Applications, 2007, 29(3): 982-1006.

[8] Borno I. Parallel computation of the solutions of coupled algebraic Lyapunov equations[J]. Automatica, 1995, 31(9): 1345-1347.

[9] Varga A. Robust and minimum norm pole assignment with periodic state feedback[J]. Automatic Control, IEEE Transactions on, 2000, 45(5): 1017-1022.

[10] Lv L, Zhang L. On the periodic Sylvester equations and their applications in periodic Luenberger observers design[J]. Journal of the Franklin Institute, 2016, 353(5): 1005-1018.

[11] Zhou B, Duan G R. Parametric solutions to the generalized sylvester matrix equation AX - XF= BY and the regulator equation AX−XF= BY+ R[J]. Asian Journal of Control, 2007, 9(4): 475-483.

[12] Duan G R. Solution to matrix equation AV+ BW= EVF and eigenstructure assignment for descriptor systems[J]. Automatica, 1992, 28(3): 639-642.

[13] Tsui C C. On the Solution to Matrix Equation TA−FT=LC and Its Applications[J]. SIAM Journal on Matrix Analysis and Applications, 1993, 14(1): 33-44.

[14] Saberi A, Stoorvogel A A, Sannuti P. Control of linear systems with regulation and input constraints[J]. Communications and Control Engineering. London: Springer, 2003.

[15] Costa O L V, Fragoso M D. Stability results for discrete-time linear systems with Markovian jumping parameters[J]. Journal of Mathematical Analysis and Applications, 1993, 179(1): 154-178.

[16] Kagstrom B, Westin L. Generalized Schur methods with condition estimators for solving the generalized Sylvester equation[J]. Automatic Control, IEEE Transactions on, 1989, 34(7): 745-751.

[17] Yongxin Y. The optimal solution of linear matrix equations by matrix decompositions[J]. Mathematica Numerica Sinica, 2002, 24(2): 165-176.

[18] Liao A P, Lei Y. Least-squares solution with the minimum-norm for the matrix equation (AXB, GXH)=(C, D)[J]. Computers & Mathematics with Applications, 2005, 50(3): 539-549.

[19] Borno I, Gajic Z. Parallel algorithm for solving coupled algebraic Lyapunov equations of discrete-time jump linear systems[J]. Computers & Mathematics with Applications, 1995, 30(7): 1-4.

[20] Wang Q, Lam J, Wei Y, et al. Iterative solutions of coupled discrete Markovian jump Lyapunov equations[J]. Computers & Mathematics with Applications, 2008, 55(4): 843-850.

[21] Tong L, Wu A G, Duan G R. Finite iterative algorithm for solving coupled Lyapunov equations appearing in discrete-time Markov jump linear systems[J]. IET Control Theory & Applications, 2010, 4(10): 2223-2231.

[22] Peng Z, Hu X, Zhang L. An efficient algorithm for the least-squares reflexive solution of the matrix equation [J]. Applied Mathematics and Computation, 2006, 181(2): 988-999.

[23] Dehghan M, Hajarian M. An iterative algorithm for the reflexive solutions of the generalized coupled Sylvester matrix equations and its optimal approximation[J]. Applied Mathematics and Computation, 2008, 202(2): 571-588.

[24] Dehghan M, Hajarian M. An iterative method for solving the generalized coupled Sylvester matrix equations over generalized bisymmetric matrices[J]. Applied Mathematical Modelling, 2010, 34(3): 639-654.

[25] Ding F, Chen T. Iterative least-squares solutions of coupled Sylvester matrix equations[J]. Systems & Control Letters, 2005, 54(2): 95-107.

[26] Zhou B, Duan G R, Li Z Y. Gradient based iterative algorithm for solving coupled matrix equations[J]. Systems & Control Letters, 2009, 58(5): 327-333.

[27] Zhou B, Li Z Y, Duan G R, et al. Weighted least squares solutions to general coupled Sylvester matrix equations[J]. Journal of Computational and Applied Mathematics, 2009, 224(2): 759-776.

[28] Sreedhar J, van Dooren P. Periodic Schur form and some matrix equations[J]. Mathematical Research, 1994, 77: 339-339.

[29] Byers R, Rhee N H. Cyclic Schur and Hessenberg-Schur numerical methods for solving periodic Lyapunov and Sylvester equations[J]. Journal of Psychology & Human Sexuality, 1995, 8(1): 1-5.

[30] Varga A. Periodic Lyapunov equations: Some applications and new algorithms[J]. International Journal of Control, 1997, 67(1): 69-88.

[31] Kressner D. Large periodic Lyapunov equations: Algorithms and applications[C]//2003 European Control Conference, 2003: 1513-1518.

[32] Granat R, Jonsson I, Kågström B. Recursive blocked algorithms for solving periodic triangular Sylvester-type matrix equations[M]//Applied Parallel Computing. State of the Art in Scientific Computing. Berlin Heidelberg: Springer, 2007: 531-539.

[33] Benner P, Hossain M S, Stykel T. Low-rank iterative methods for periodic projected Lyapunov equations and their application in model reduction of periodic descriptor systems[J]. Numerical Algorithms, 2014, 67(3): 669-690.

[34] Longhi S, Zulli R. A robust periodic pole assignment algorithm[J]. IEEE Transactions on Automatic Control, 1995, 40(5): 890-894.

[35] Sreedhar J, van Dooren P. Pole placement via the periodic Schur decomposition[C]//1993 American Control Conference. IEEE, 1993: 1563-1567.

[36] Lv L, Duan G, Zhou B. Parametric pole assignment and robust pole assignment for discrete-time linear periodic systems[J]. SIAM Journal on Control and Optimization, 2010, 48(6): 3975-3996.

[37] Lv L, Duan G, Su H. Robust dynamical compensator design for discrete-time linear periodic systems[J]. Journal of Global Optimization, 2012, 52(2): 291-304.

[38] 吕灵灵, 段广仁, 周彬. 线性离散周期系统输出反馈参数化极点配置[J]. 自动化学报, 2010, 36(1): 113-120.

[39] Bougatef N, Chaabane M, Bachelier O, et al. Stability and stabilization of constrained positive discrete-time periodic systems[C]// International Multi-Conference on Systems, Signals and Devices. IEEE, 2011: 1-6.

[40] Ivanov I, Bogdanova B. The iterative solution to discrete-time H∞ control problems for periodic systems[J]. Algorithms, 2016, 9(1): 20.

[41] Djemili I, Aitouche A, Bouamama B O. Sensors FDI scheme of linear discrete-time periodic systems using principal component analysis[C]// Control and Fault-Tolerant Systems. IEEE, 2010: 203-208.

[42] Nguyen H N, Bourdais R, Gutman P O. Improved MPC design for constrained linear periodic systems[C]// Control Conference. IEEE, 2014:1462-1467.

[43] Gohberg I, Kaashoek M A, Lerer L. Minimality and realization of discrete time-varying systems[M]//Time-variant Systems and Interpolation. Basel: Birkhäuser, 1992: 261-296.

[44] Grasselli O M, Longhi S. Pole placement for nonreachable periodic discrete-time systems[J]. MCSS. Mathematics of Control, Signals and Systems, 1991, 4(4): 439-455.

[45] Hajarian M. Solving the general Sylvester discrete-time periodic matrix equations via the gradient based iterative method[J]. Applied Mathematics Letters, 2016, 52: 87-95.

[46] Lam J, Tso H K, Tsing N K. Robust deadbeat regulation[J]. International Journal of Control, 1997, 67(4): 587-602.

[47] Lv L L, Zhang L. Parametric solutions to the discrete periodic regulator equations[J]. Journal of the Franklin Institute, 2016, 353(5): 1089-1101.

[48] Duan G R. Parametric eigenstructure assignment in second-order descriptor linear systems[J]. IEEE Transactions on Automatic Control, 2004, 49(10): 1789-1794.

[49] Duan G R, Zhou B. Solution to the second-order Sylvester matrix equation $MVF^2+ DVF+ KV= BW$[J]. IEEE Transactions on Automatic Control, 2006, 51(5): 805-809.

[50] Colaneri P. Output stabilization via pole placement of discrete-time linear periodic systems[J]. IEEE Transactions on Automatic Control, 1991, 36(6): 739-742.

[51] Perabò S, Zhang Q. Adaptive observers for linear stochastic time-variant systems with disturbances[J]. International Journal of Adaptive Control & Signal Processing, 2009, 23(6): 547-566.

[52] Kautsky J, Nichols N K, van Dooren P. Robust pole assignment in linear state feedback[J]. International Journal of control, 1985, 41(5): 1129-1155.

[53] Hoskins W D, Meek D S, Walton D J. The numerical solution of the matrix equation XA + AY = F[J]. Bit Numerical Mathematics, 1977, 17(2):184-190.

[54] Lavaei J, Sojoudi S, Aghdam A G. Pole assignment with improved control performance by means of periodic feedback[J]. IEEE Transactions on Automatic Control, 2010, 55(1): 248-252.

[55] Varga A. On computing minimal realizations of periodic descriptor systems[J]. IFAC Proceedings Volumes, 2007, 40(14): 175-180.

[56] Ding F, Chen T. On iterative solutions of general coupled matrix equations[J]. SIAM Journal on Control and Optimization, 2006, 44(6): 2269-2284.

后　记

　　作为连接时变系统和时不变系统的桥梁，线性离散周期系统是一种相对简单的时变系统，但是其分析和设计要比时不变系统复杂得多。由于生产实践中很多问题都可以建模成这类系统，且采用周期控制律有很多优良的特性，对这类系统的研究引起了学术界的广泛关注。而周期 Sylvester 矩阵方程的求解是对线性周期系统进行分析和设计必不可少的环节之一，对其进行研究具有重要的理论意义和实践价值。本书总结了几类周期 Sylvester 矩阵方程的解及其在线性周期系统鲁棒控制中的应用，具体成果如下：

　　第一，设计了关于前向 Sylvester 矩阵方程和后向周期 Sylvester 矩阵方程的两个迭代算法，通过严格的理论推导验证了所提出算法可在有限步内收敛到目标方程的精确数值解而不存在舍入误差。进一步把所提出方法推广到广义周期 Sylvester 矩阵方程的求解问题中，并给出了相应的迭代算法。数值算例的仿真结果表明，本书所述的算法与现存文献中的算法相比具有更快的收敛速度。此外，将所提出的求解算法，用于线性周期系统的鲁棒极点配置和鲁棒观测器设计中，取得了满意的结果。

　　第二，关于广义周期耦合 Sylvester 矩阵方程的求解问题在本书中也得到了研究。首先给出了广义周期耦合 Sylvester 矩阵方程解存在的条件。在有两个待定解矩阵存在情况下，基于传统的共轭梯度算法，改进了步长计算公式，给出了针对该方程的求解迭代算法并对其收敛性进行了严格地推导证明。在完成此工作的基础上，进一步地将所提出的算法推广到具有多个待定解矩阵存在的情况，给出了更具一般性的算法。

　　第三，介绍了二阶线性离散周期系统周期 PD 反馈极点配置问题。经过证明，该类问题可转化为对受限的离散周期调节矩阵方程的求解问题。利用循环提升技术，进一步将该方程简化为对相应的二阶离散周期 Sylvester 矩阵方程的求解问题。通过对周期反馈增益施加条件，所提出算法中的自由参数可用来实现对控制增益的鲁棒化和最小化。

　　第四，介绍了具有时变状态和输入维数的 LDP 系统的状态反馈极点配置和输出反馈极点配置方案，根据变维系统单值性矩阵的数学特性，仅对其中心谱进行配置，利用一个最小状态维数排序技巧，结合定常维数 LDP 系统的处理方法，提出了参数极点配置算法。并结合周期系统的鲁棒性能指标，给出了鲁棒极点配置算法。

综上所述，本书对周期矩阵方程的解及其应用问题进行了探讨和研究，并取得了一些具有较高水平的科研成果，与现存文献中的方法相比，在收敛性、计算精度与复杂度方面都具有突出的优势。在这些研究成果的基础上，感兴趣的读者可以进一步开展如下工作：

1. 研究和鲁棒极点配置相关的其他控制系统问题，如交流系统控制设计，直流电机的鲁棒控制器设计，网络控制器的设计等。研究这些问题有解的条件，通过状态反馈、输出反馈或其他反馈形式，推导相应控制器的设计方案；分析闭环系统所考虑的主要性能对不确定性干扰的灵敏度，建立鲁棒性能评判指标，进一步研究周期鲁棒控制器的设计算法。

2. 在研究基于鲁棒极点配置的其他控制系统设计问题时，需要依据具体的问题，选择合适的研究方案。例如，对于鲁棒观测器的设计问题，应分析不同类型的观测器存在的条件。设计系统首要解决的问题是系统稳定性，拟采用鲁棒极点配置技术来实现鲁棒镇定。再结合其他条件来找出满足要求的观测器的集合。对于时变系统的故障检测问题，拟利用鲁棒极点配置技术，按照故障检测的目的对标称系统确定参数化的故障检测观测器增益，分析扰动对系统的影响，建立性能评判指标，设计鲁棒故障检测观测器。

3. 对于具有时变维数的周期矩阵方程的求解问题，可以考虑相关的迭代算法，在有限迭代范围内得到解是满足收敛性的重要依据，对未知矩阵随机取初值进行迭代，在若干步后得到的迭代解近似的等于真解。由于该周期矩阵方程中的任何一个方程都同时关联相邻时刻的约束矩阵，这就使得在一个周期范围内矩阵方程相互关联，加大了选取迭代步长的难度。因此，如何选取合适的迭代步长，使得从任意初值开始，能很快得到精确解，是一个重要的研究方向。